AF875777

ISSN 0138–3957

SITZUNGSBERICHTE DER SÄCHSISCHEN AKADEMIE
DER WISSENSCHAFTEN ZU LEIPZIG

Philologisch-historische Klasse
Band 125 · Heft 6

ULRICH RICKEN

PROBLEME DES ZEICHENS UND DER KOMMUNIKATION IN DER WISSENSCHAFTS- UND IDEOLOGIEGESCHICHTE DER AUFKLÄRUNG

AKADEMIE-VERLAG · BERLIN
1985

SITZUNGSBERICHTE DER SÄCHSISCHEN AKADEMIE DER WISSENSCHAFTEN ZU LEIPZIG

PHILOLOGISCH-HISTORISCHE KLASSE

Band 115

Heft 1 Prof. Dr. JOHANNES JAHN, Entwicklungsstufen der Dürerforschung
1971. 19 Seiten – 8° – M 2,–

Heft 2 Prof. Dr. JUSSI ARO, Mittelbabylonische Kleidertexte der Hilprecht-Sammlung Jena. Mit einem Anhang: Fünf alt-, mittel- und neubabylonische Texte verschiedenen Inhalts aus der gleichen Sammlung 1970. 42 Seiten – 8° – M 6,50

Heft 3 Prof. Dr. WERNER BAHNER, Die lexikalischen Besonderheiten des Frühromanischen in Südosteuropa
1970. 124 Seiten – 8° – M 9,–

Heft 4 Prof. Dr. Dr. OTTO EISSFELDT, Adonis und Adonaj
1970. 29 Seiten – 16 Abb. auf 15 Tafeln – 8° – M 6,–

Heft 5 Prof. Dr. RAINER ECKERT, Baltistische Studien. Mit einem Geleitwort von Prof. Dr. RUDOLF FISCHER und einer Bibliographie von Prof. Dr. RAINER ECKERT und Dr. FRIDO MĚTŠK
1971. 102 Seiten – 8° – M 8,50

Heft 6 Prof. Dr. RICHARD HAUSCHILD, Der Missionar P. Heinrich Roth aus Dillingen und die erste europäische Sanskrit-Grammatik 1972. 23 Seiten – 3 Abb. auf 3 Tafeln – 8° – M 3,30

Band 116

Heft 1 Prof. Dr. JOACHIM MÜLLER, Die Gestalt des Kindes und des Jugendlichen in der deutschen Literatur von Goethe bis Thomas Mann 1971. 38 Seiten – 8° – M 2,60

Heft 2 Prof. Dr. HERBERT PEUKERT, Gibt es eine „slawische" Volksdichtung?
1972. 70 Seiten – 8° – M 5,60

Heft 3 Prof. Dr. JOACHIM MÜLLER, Zur Motivstruktur von Goethes „Faust"
1972. 42 Seiten – 8° – M 2,80

Heft 4 Prof. Dr. GERTRUD SCHUBART-FIKENTSCHER, Studienreform. Fragen von Leibniz bis Goethe
1973. 109 Seiten – 8° – M 8,–

Heft 5 Prof. Dr. ERNST WERNER, Ketzer und Weltverbesserer. Zwei Beiträge zur Geschichte Südosteuropas im 13. und 15. Jahrhundert 1974. 57 Seiten – 8° – M 4,50

Heft 6 Prof Dr. EBERHARD BRÜNING, Die Entwicklung progressiver und sozialistischer Literatur in den USA. Fortschrittliche Schriftstellerorganisationen und ihr Einfluß auf den nationalen Literaturprozeß von 1917 bis 1945 1974. 40 Seiten – 8° – M 3,20

Band 117

Heft 1 Prof. Dr. JOHANNES JAHN, Antike Tradition in der Landschaftsdarstellung bis zum 15. Jahrhundert
1975. 26 Seiten – 23 Abb. auf 21 Tafeln – 8° – M 8,–

Heft 2 Prof. Dr. JOACHIM MÜLLER, „Verwirrung des Gefühls" Der Begriff des „Pathologischen" im Drama Goethes und Kleists. Mit einem Exkurs: Zur dichterischen Pathographie im Drama des 19. Jahrhunderts 1974. 40 Seiten – 8° – M 3,50

Heft 3 Prof. Dr. JOACHIM MÜLLER, Goethes „Campagne in Frankreich". Epochenkritik, Umweltanalyse und Kontraststruktur 1974. 42 Seiten – 8° – M 4,–

Heft 4 Dr GÜNTER SCHMIDT, Die literarische Rezeption des Darwinismus. Das Problem der Vererbung bei Émile Zola und im Drama des deutschen Naturalismus
1974. 209 Seiten – 1 Ausschlagtafel – 8° – M 13,–

Heft 5 Prof. Dr. ERNST WERNER, Häresie und Gesellschaft im 11. Jahrhundert
1975. 83 Seiten – 8° – M 6,–

Band 118

Heft 1 Prof Dr. RUDOLF GROSSE, Dr. SIEGFRIED BLUM, Dr. HEINRICH GÖTZ, Beiträge zur Bedeutungserschließung im althochdeutschen Wortschatz 1977. 208 Seiten – 8° – M 22,–

Heft 2 Prof. Dr. ROLF LIEBERWIRTH, Die historische Entwicklung der Theorie vom vertraglichen Ursprung des Staates und der Staatsgewalt 1977. 54 Seiten – 8° – M 5,–

Heft 3 Prof. Dr. JOACHIM MÜLLER, Thomas Manns Künstlertum und Humanitätsgewissen
1976. 27 Seiten – 8° – M 2,50

Heft 4 Prof. Dr. HANS HIEBSCH, Wilhelm Wundt und die Anfänge der experimentellen Psychologie
1977. 22 Seiten – 8° – M 2,50

Heft 5 Prof. Dr. ERNST WERNER. Stadtluft macht frei. Frühscholastik und bürgerliche Emanzipation in der ersten Hälfte des 12. Jahrhunderts 1976. 96 Seiten – 8° – M 8,–

ISSN 0138-3957

SITZUNGSBERICHTE DER SÄCHSISCHEN AKADEMIE
DER WISSENSCHAFTEN ZU LEIPZIG

Philologisch-historische Klasse
Band 125 · Heft 6

ULRICH RICKEN

PROBLEME DES ZEICHENS UND DER KOMMUNIKATION IN DER WISSENSCHAFTS- UND IDEOLOGIEGESCHICHTE DER AUFKLÄRUNG

AKADEMIE-VERLAG · BERLIN
1985

Vorgetragen in der Sitzung am 4. Februar 1983
Manuskript eingereicht am 20. Januar 1984
Druckfertig erklärt am 26. April 1985

Erschienen im Akademie-Verlag, DDR - 1086 Berlin, Leipziger Str. 3–4
© Akademie-Verlag Berlin 1985
Lizenznummer: 202 · 140/205/85
Printed in the German Democratic Republic
Gesamtherstellung: IV/2/14 VEB Druckerei „Gottfried Wilhelm Leibniz",
4450 Gräfenhainichen · 6463
LSV 0804
Bestellnummer: 754 524 3 (2026/125/6)

00600

INHALT

Nachdem Descartes aus Interpretationen der Sprache Stützen seines Dualismus von Geist und Materie abgeleitet hatte, wurden ihm schon von seinen Zeitgenossen Hobbes und Gassendi Argumente entgegengehalten, die sich z. T. ebenfalls auf die Sprache beziehen. Während des 18. Jahrhunderts wurden dann sprachtheoretische Argumente zu wichtigen Bestandteilen einer Auseinandersetzung mit dem Cartesianismus, die für die Aufklärung charakteristisch war. Das sensualistische Programm von John Lockes „Essay concerning human understanding" (1690) beschäftigte sich ausführlich mit der Sprache und wurde während des 18. Jahrhunderts als Stellungnahme gegen Descartes' Apriorismus und als philosophische Grundlage der Erfahrungswissenschaft durch die systematische Einbeziehung zeichentheoretischer Gesichtspunkte weiter ausgebaut. Dabei kam es zu einer neuen, wissenschaftstheoretisch folgenreichen Auffassung des Verhältnisses von Sprache und Erkenntnis, aber auch zu einer sensualistisch begründeten Sicht der Stellung des Menschen im Ensemble der Natur. Reflexionen über die Sprache dienten schließlich bei der Ausarbeitung des geschichtlichen Weltbildes der Aufklärung auch der Begründung neuer, z. T. brisanter Erkenntnisse über die menschliche Gesellschaft und ihre Entwicklung.

Unser Text resümiert einige Aspekte der ebengenannten Problemkreise in drei Abschnitten:

1. Das Verhältnis von „Wörtern" und „Dingen" als erkenntnistheoretische Problemstellung
2. Sprachursprungstheorie und Evolutionsdenken
3. Sprachtheorie und Gesellschaftsauffassung

Im Mittelpunkt unserer Betrachtung steht die französische Aufklärung[1].

1. Das Verhältnis von „Wörtern" und „Dingen" als erkenntnistheoretische Problemstellung

Als das Pariser „Institut National des Sciences et des Arts", die aus der Revolution hervorgegangene Nachfolgeeinrichtung der französischen Akademie der Wissenschaften, für das Jahr 1799 eine Preisfrage nach der Rolle der Sprache für das Denken verkündete, ging es um ein Problem, das schon 1759 an der Berliner Akademie Gegenstand eines Wettbewerbs war. Die Berliner Preisaufgabe fragte nach dem „Einfluß der Meinungen eines Volcks in seine Sprache und der Sprache in die Meinungen", nannte also die Einwirkung der Sprache auf das Denken erst an zweiter Stelle.[2]

Demgegenüber stand in der Preisausschreibung der Pariser Akademie vier Jahrzehnte später von Anfang an die Rolle der Sprache für das Denken im Zentrum. Darüber hinaus orientierte sie im Unterschied zu der Berliner Fragestellung speziell auf die Rolle der Sprache und der Zeichen in der *Wissenschaft*. Mit folgenden Zusatzfragen wurde die zur Diskussion gestellte Problematik erläutert:

„– Setzen unsere Ideen ihrem Wesen nach die Hilfe der Zeichen voraus?
– Wäre die Kunst des Denkens vollkommen, wenn die Kunst der Zeichen zur Vollkommenheit gebracht würde?
– Verdanken die Wissenschaften, in denen die Wahrheit ohne Einschränkung akzeptiert wird, diese Übereinstimmung der Vollkommenheit ihrer Zeichen?
– Ist in den Wissenschaften, die Anlaß zu ewigem Streit geben, der Gegensatz der Meinungen nicht eine unvermeidbare Auswirkung der Unvollkommenheit ihrer Zeichen?
– Gibt es ein Mittel, die unvollkommenen Zeichen zu verbessern und alle Wissenschaften gleichermaßen für überzeugende Beweisführung geeignet zu machen?"[3]

Damit wurde eine Problemstellung resümiert, die aus dem lebhaften Interesse des 17. und 18. Jahrhunderts für das Verhältnis von Sprache und Denken hervorging.[4] So sagte Leonhard Euler über das Verhältnis von Gedanken, Wörtern und Dingen: „Die Gegenstände unserer Gedanken sind nicht so sehr die Dinge selbst, als vielmehr die Wörter, mit denen die Dinge in der Sprache bezeichnet werden."[5]

Die Problematisierung des Verhältnisses von Wörtern und Dingen und der in den Wörtern fixierten Erkenntnis über die Dinge hatte freilich eine lange Tradition, in der sich seit der Antike gegensätzliche philosophische Standpunkte mit unterschiedlichen Auffassungen über den Charakter der sprachlichen Zeichen verbanden.[6] Auch der mittelalterliche Universalienstreit stellte das Verhältnis von Wort und Wirklichkeit zur Diskussion.

Die Kritik an der Scholastik aus der Sicht der aufkommenden Erfahrungswissenschaft thematisiert ihrerseits den Gegensatz von Wörtern und Dingen, wie in der Formulierung des Chirurgen Ambroise Paré (1509–1590) „les sciences sont composées de choses, non de paroles".[7] Ebenfalls in dieser Epoche entstand aus dem italienischen Wort *pedante* in verschiedenen Sprachen ein Modewort, um den typisch scholastischen Gelehrten zu bezeichnen, dessen aufdringlichem verbalem Memorierwissen aller wirkliche Erkenntniswert abgesprochen wurde.[8]

Kritik an der scholastischen Rhetorik und am Disputationswesen war für bedeutende Vertreter der Wissenschaft des 17. und 18. Jahrhunderts eine Selbstverständlichkeit. Bacon sah in der Sprache der Scholastik einen der Gründe für ihre wissenschaftliche Sterilität. Eine bewußte Abwendung von der scholastischen Wissenschaftssprache vollzog auch Galilei, teils mit ausdrücklicher Erwähnung des Verhältnisses von Wörtern und Dingen. Descartes' Feststellung, daß mit Hilfe der scholastischen Disputation keine neue Wahrheit entdeckt wurde, hätten auch diejenigen unterschrieben, die im 17. und 18. Jahrhundert zur Weiterentwicklung des wissenschaftlichen Denkens beitrugen, ohne Descartes' rationalistischen Dualismus zu bejahen. Fontenelle betonte, die Physik könne vielen Streitereien ein Ende setzen, die von der Rhetorik unendlich verlängert werden. Im Prinzip das gleiche sagt seine für die Charakterisierung des 18. Jahrhunderts verwendete Formulierung: „le règne des *mots* et des *termes* est passé, on veut des *choses*".[9] Der gleiche Autor konnte daher das 18. Jahrhundert als ein „siècle fort de *choses*" kennzeichnen.

Dabei handelt es sich um mehr als nur den Ausdruck des Gegensatzes zwischen scholastischer Tradition und einer neuen Wissenschaftsgesinnung. Vielmehr wird auch die Problematik der Rolle sprachlicher Zeichen für das Denken aufgeworfen. *Chose* bezeichnet hier, ebenso wie das deutsche Wort *Ding* in der damaligen erkenntnistheoretischen Diskussion, nicht schlechthin konkrete Gegenstände, es bezeichnet vielmehr das, was wirklich existiert oder existieren kann und entspricht in wissenschaftlichen Kontexten dem lateinischen *ens*. Gerade in der Gegenüberstellung *les mots/les choses* wird also die Bedeutung von *chose* um die Eigenschaft als Gegenstand der Erkenntnis erweitert. Durch die Betonung des Unterschieds zwischen Kenntnis der Wörter und Kenntnis der Dinge weist dabei die Gegenüberstellung *les mots/les choses* vor allem auf die Rolle hin, die den Zeichen für die Erkenntnis und für die Propagierung von Wahrheit oder Irrtum zukommen kann.

Descartes formulierte diese Problematik auf der Grundlage seines rationalistischen Dualismus von *res cogitans* und *res extensa:* Die Gedanken sind zwar unkörperlich, da die menschliche Seele jedoch mit einem Körper vereint ist, muß die Mitteilung der Gedanken anhand körperlicher Zeichen erfolgen.

Diese Notwendigkeit der Kommunikation führt dazu, daß die Aufmerksamkeit der Menschen sich oft mehr auf die Wörter als auf die Dinge richtet und es daher schwerfällt, den Begriff der Dinge vollständig von den Wörtern zu trennen. Noch dazu erlernt der Mensch die Sprache schon im Kindesalter, ehe überhaupt eine genaue Kenntnis der Dinge möglich ist. Die vielfach konfusen Bedeutungen der Wörter sind daher eine ständige Behinderung echter Erkenntnis.[10]

Im Anschluß an Descartes und an Pascal betont auch die „Logik" von Port-Royal, daß die Notwendigkeit körperlicher Zeichen für die Mitteilung der Gedanken dahin führt, „unsere Ideen so sehr an die Wörter zu binden, daß wir oft mehr die Wörter als die Dinge betrachten. Dies ist eine der gewöhnlichsten Ursachen für die Verwirrung unserer Gedanken und unserer Sprache".[11] Als Abhilfe gegen die Konfusion der Wortbedeutungen wird die traditionelle Unterscheidung von Nominal- und Realdefinition neu interpretiert. Zwischen *définition des choses* und *définition des noms* sowie zwischen *idées des choses* und *idées des signes* ist genau zu unterscheiden. Als Voraussetzung für klares Denken und unmißverständliche Kommunikation wird eine genaue Definition der Wortbedeutungen gefordert.

Aus den gleichen Gründen hielt schon Descartes den Vorschlag einer Universalsprache für berechtigt, die auf einer exakten Analyse der Ideen aufbaut. Eine derartige Sprache könnte alle Dinge so deutlich zum Gegenstand der Urteilsbildung machen, daß kaum noch ein Irrtum möglich sei. Doch stellt nach Descartes' Meinung die menschliche Lebenspraxis diesem Projekt unüberwindliche Hindernisse entgegen.[12] Ebenfalls in rationalistischer Sicht hat dann Leibniz das Projekt einer universellen Wissenschaftssprache ins Auge gefaßt.

Die Aufklärung brachte eine im Vergleich mit dem 17. Jahrhundert weitergehende Einbeziehung von Problemen der Sprache und des Zeichens in das wissenschaftstheoretische Denken. Hierfür ging ein wichtiger Anstoß von Lockes „Essay concerning human understanding" aus. Einer der vier Hauptteile von Lockes „Essay" trägt die Überschrift „Of Words". In jeweils einem Kapitel handelt Locke dabei über die Unvollkommenheit und über den Mißbrauch der Wörter. Mißbrauch ist der nachlässige oder sogar bewußt irreführende Umgang der Menschen mit Wörtern. Diese Mängel sind um so schwerwiegender, da die Sprache als das Bindeglied der menschlichen Gesellschaft auch das Instrument der Mitteilung aller neuen Erkenntnisse und ihrer Übermittlung von Generation zu Generation ist. Somit bringen Unvollkommenheit und Mißbrauch der Wörter eine nicht abreißende Kette des Irrtums hervor. Eine der auffälligsten Erscheinungsformen des Wortmißbrauchs ist der wissenschaftliche Modejargon, dessen pompöse Terminologie das Fehlen echter Begriffe bemäntelt und ein Hindernis wissenschaftlicher

Erkenntnis ist. Ausführlicher als das schon im 17. Jahrhundert erfolgt war, kennzeichnet Locke konfuse Wortbedeutungen als Ursache des ewigen Streits in den Wissenschaften. Locke fragt sich schließlich, ob die Sprache der Wahrheit überhaupt mehr dient, als sie ihr im Wege steht.[13]

Eine vordringliche Aufgabe der Wahrheitsfindung sieht daher auch Locke darin, zwischen Wortbedeutung und Erkenntnis der Dinge zu unterscheiden. Lockes ausführliche Behandlung und Thematisierung des *abuse of words* trug wesentlich zur Aktualität dieses Themas in der englischen, französischen und schließlich auch der deutschen Aufklärung bei.

Die in Frankreich zum Schlagwort gewordene Gegenüberstellung *les mots/ les choses* verbindet sich mit dem Anliegen der Aufklärung, das immer wieder als Beseitigung von *abus* und *préjugés* thematisiert wird und ebenfalls auf die Rolle der Sprache bei der Konservierung und Propagierung irrtümlicher Meinungen verweist: „Mit Hilfe der Sprache verwurzelt sich eine falsche Meinung und geht bis in die entfernteste Nachwelt über: sie wird ein Vorurteil des Volkes, manchmal ein Vorurteil der Gelehrten, was noch schlimmer ist als das Vorurteil des Volkes."[14]

Stärker ausgeprägt als bei Locke erfolgte jetzt auch eine Politisierung der Problematik des Wortmißbrauchs, die eine Vielzahl von Stellungnahmen hervorrief (wir werden hierauf weiter unten im Abschnitt 3 „Sprachtheorie und Gesellschaftsauffassung" eingehen). Gleich nach der französischen Revolution wurde dann die Meinung vertreten, auf der Grundlage der jetzt errungenen politischen Freiheit sei es möglich, den verhängnisvollsten Irrtum zu beseitigen, der die Menschen ins Unglück stürzt; nämlich den Mißbrauch der Wörter, der uns über die Natur der Dinge täuscht: „L'abus des mots qui nous trompe sur les choses."[15] Natürlich war damit auch die Beseitigung des politischen Wortmißbrauchs gemeint, darüber hinaus aber ein grundsätzlich neuer Umgang der Menschen mit den Wörtern, dank der jetzt erwarteten Freisetzung menschlicher Erkenntnis- und Kommunikationsmöglichkeiten.

Denn parallel zur Diskussion über den politischen Wortmißbrauch und teilweise eng damit verknüpft wurde das Verhältnis von Wörtern und Dingen im 18. Jahrhundert in einem wissenschafts- und erkenntnistheoretischen Rahmen debattiert. Und diese Diskussion ging wesentlich über die im 17. Jahrhundert aufgeworfenen Fragen und auch über Lockes Problematisierung der Rolle der Wörter hinaus.

Den wichtigsten theoretischen Beitrag hierzu lieferte die Weiterentwicklung des Sensualismus durch Condillac, beginnend mit seinem „Essai sur l'origine des connaissances humaines" (1746). Condillac wollte den noch inkonsequenten Sensualismus Lockes überwinden, und zwar durch die volle Berücksichtigung der Rolle der Sprache in der Entstehung und Entwicklung des Denkens. Da Locke für die Menschheit von Beginn an die Fähigkeiten der *sensation* und der *reflection* postulierte, bewahrte er ein dualistisches Relikt, das Leibniz charakterisierte, indem er das sensualistische Postulat *nihil est in intellectu quod non prius fuerit in sensu* mit dem Zusatz versah: *nisi intellectus ipse.* Für Locke ist der Menschheit von Anfang an Denkfähigkeit verliehen, so daß die Sprache als eine nachträgliche Schöpfung des bereits existierenden Denkens aufgefaßt wird.

Die ausführliche Einbeziehung der „Wörter“ in Lockes „Essay“ erfolgt daher vor allem unter dem Gesichtspunkt einer Analyse der Ideen, die nur in den Wörtern faßbar sind, aber unabhängig von ihnen existieren. Der Einfluß, den die Wörter in ihrer kommunikativen Funktion auf das Denken ausüben können, bringt überwiegend die Gefahr einer Irreleitung des Denkens mit sich, so daß die klare Unterscheidung zwischen *Wörtern* und *Dingen* Voraussetzung dafür ist, zur unverfälschten Erkenntnis der *Dinge* unabhängig von den *Wörtern* vorzustoßen. Der Formulierung nach könnte hier eine weitgehende Übereinstimmung mit der in der „Logik“ von Port-Royal charakterisierten Gefahr einer Orientierung des Denkens auf die Wörter statt auf die Dinge angenommen werden. Doch ist die Stoßrichtung der Kritik unterschiedlich, insofern den Autoren von Port-Royal dabei die Diskrepanz der körperlichen Natur des sprachlichen Zeichens gegenüber der unkörperlichen Idee vor Augen steht, während es sich bei Locke um die Warnung vor der Gefahr handelt, daß die in den Wortbedeutungen fixierte Abstraktion von der auf die gegenständliche Welt gerichteten Erkenntnis ablenkt.

Trotz seiner oft wiederholten Auffassung der Wörter als Instrumente zur Mitteilung bereits vorher existierender Ideen, geht Locke jedoch einige Male über eine nur kommunikative Rolle der Wörter hinaus, um in ihnen nicht nur Instrumente der Mitteilung der Gedanken, sondern gleichzeitig auch Instrumente des Denkens selbst zu sehen. So kommt er bei der Analyse des Zahlenbegriffs zu der Auffassung, daß die Zahlwörter eine begriffsbildende Funktion haben.[16] Und für bestimmte abstrakte Ideen bilden die Wörter den Kristallisationspunkt, der es überhaupt ermöglicht, die verschiedenen Komponenten eines komplexen Begriffs miteinander zu kombinieren und zusammenzufassen.[17] Vor allem bei seiner ausführlichen Analyse der Unvollkommenheit und des Mißbrauchs der Wörter eröffnet sich für Locke ein Grad der Verknüpfung von Ideen und Zeichen, der letztere nicht als bloßes Kommunikationsmittel erscheinen läßt und die Annahme einer wechselseitigen Bedingtheit nahelegt, so daß die Sprache *the instrument of knowledge*[18] genannt wird, um desto eindringlicher vor dessen Unvollkommenheit und Mißbrauch zu warnen.

Das letzte Kapitel von Lockes „Essay“ bringt schließlich eine Einteilung der Wissenschaften, in deren Rahmen den Wörtern eine wesentliche Rolle für das Denken zuerkannt und daher eine *Wissenschaft der Zeichen* (doctrine of signs) gefordert wird: „Sie untersucht die Natur der Zeichen, deren sich der Geist bedient, um die Dinge zu verstehen und um die Erkenntnis der Dinge anderen mitzuteilen ... Daher ist die Untersuchung der Ideen und der Wörter als der großen Instrumente unseres Wissens wichtig für die Erfassung des menschlichen Wissens in seinem ganzen Umfang."[19]

In dieser knappen Begründung einer *Semiotik* oder *Wissenschaft der Zeichen*, von der Locke sich auch eine neue „Logik und Kritik" verspricht, werden die Ideen als Zeichen der Dinge im Denkprozeß und hierbei die Wörter als notwendige Zeichen der Ideen gesehen.

Offenbar handelt es sich um eine im Verlauf der Redaktion allmählich entstandene Einsicht in die gleichzeitig kommunikative und kognitive Rolle der sprachlichen Zeichen. Locke weist darauf hin, daß ihm erst lange nach Beginn der Arbeit am „Essay concerning human understanding" die Bedeutung der Aufschlüsse bewußt wurde, die für dessen Gegenstand aus der Sprache zu gewinnen seien.[20] Insofern gibt er selbst eine Erklärung für den Widerspruch, der sein Werk in dieser Hinsicht kennzeichnet: einerseits Auffassung der Sprache als bloßes Mitteilungsinstrument und mehrfacher Hinweis, die Gefahr einer Irreleitung des Denkens durch die Wörter mache eine unverfälschte Erkenntnis der Dinge durch deren unmittelbare Analyse ohne Zwischenschaltung von Zeichen erforderlich; andererseits einige Male der Hinweis auf eine notwendige Funktion der Wörter für das Denken. Nachdem die Sprache zunächst ganz überwiegend nur als Mitteilungsinstrument gesehen wurde, dessen Analyse allerdings wichtige Aufschlüsse über die Ideen erbringen sollte, schließt Lockes „Essay" jedenfalls mit der Forderung nach einer *Wissenschaft der Zeichen*, von der er neue Einsichten in Prozesse und Gesetze des Denkens erwartet, weil er nunmehr den Zeichen auch für das Denken eine instrumentale Funktion zuerkennt.

Condillacs ausdrückliches Ziel war es, die von Locke zwar angedeutete, aber nicht in sein philosophisches System integrierte Annahme einer konstitutiven Funktion der Sprache für das Denken systematisch auszubauen. In seinem „Essai sur l'origine des connaissances humaines" (1746) machte Condillac die Rolle der Zeichen für die Entstehung, Entwicklung und für das Funktionieren des Denkens zum Eckpfeiler eines konsequenteren sensualistischen Systems, als es Locke vorgelegt hatte.[21]

An Locke anknüpfend, aber ganz bewußt einen neuen Weg einschlagend, läßt Condillac das Denken und die Sprache aus einem allmählichen Prozeß der Wechselwirkung von Sinneseindrücken und Zeichen hervorgehen. Erst mit Hilfe der Zeichen konnten sich im Verlauf der Menschheitsgeschichte aus der ursprünglichen Sinnesempfindung in einem Prozeß wechselseitiger Bedingtheit von Gedanken und Zeichen allmählich verschiedene Stufen der Denkvorgänge entwickeln. Denn nur mittels Zeichen lassen sich Denkinhalte fixieren und miteinander kombinieren. Dabei werden auch die sprachlichen Zeichen nicht bewußt geschaffen, sondern sie entwickeln sich allmählich im Prozeß der Wechselwirkung mit dem entstehenden Denken: Erste spontane Gebärden und Schreie führen zu einer anfänglichen Fixierung und Mitteilung von Denkinhalten, die sich zunächst auf unmittelbare Lebensbedürfnisse beziehen. Danach kommen zu den Gebärden und Schreien erste artikulierte Lautzeichen hinzu. In einem weiteren Prozeß der wechselseitigen Entwicklung von Denkvorgängen und Zeichen erfolgt parallel zur weiteren Verwendung der Gebärdensprache die Entstehung der Lautsprache und schließlich der Übergang zur allgemeinen Verwendung der artikulierten Lautsprache, mit der aber das Gesten- und Mienenspiel als Relikt der ursprünglichen Gebärdensprache verbunden bleibt.

Diese Erklärung des Denkens als mit Hilfe der Zeichenverwendung umgewandelte Sinnesempfindung hat Condillac später in der oft zitierten Formulierung *la sensation transformée* verdichtet. Doch erfolgt ihre umfassende Begründung schon im „Essai sur l'origine des connaissances humaines", während die späteren Werke Condillacs jeweils Teilaspekte seines Systems vertiefen.[22]

Dabei haben zeichentheoretische Gesichtspunkte weiterhin einen zentralen Stellenwert, auch für die Erklärung des schöpferischen Denkens. Denn mit der Charakterisierung des Denkens als *sensation transfomée* werden aufeinanderfolgende Entwicklungsstufen angenommen, in deren Verlauf die Menschen über ein immer leistungsfähigeres Zeichensystem nicht nur für die Fixierung und Kommunikation der Gedanken verfügen, sondern ebenso für deren immer neue Kombinationen, d. h. für das schöpferische Denken. Ergebnis einer historischen Entwicklung ist die voll ausgebildete Lautsprache auch als Instrument der Erkenntnis, das freilich auch in dieser Eigenschaft ständiger Weiterentwicklung bedarf.

Über den Ausdruck des schon Erkannten hinaus ermöglichen somit die sprachlichen Zeichen die Freilegung des noch zu Erkennenden, so wie die mathematischen Zeichen gleichzeitig Ausdruck und Instrument des mathematischen Denkens sind. „Mit den Sprachen verhält es sich wie mit den Ziffern in der Mathematik: Sie eröffnen neue Horizonte und erweitern den Geist in dem Grade ihrer Vollkommenheit."[23]

Die konstitutive Funktion der Sprache für das Denken kennzeichnet Condillac auch mit der nach ihm häufig wiederholten Formulierung, die Sprachen seien *analytische Methoden.* Vom Ausbildungsgrad einer Sprache hängen daher die intellektuellen Entfaltungsmöglichkeiten der Angehörigen des betreffenden Volkes ab. Und die einzelnen Individuen unterscheiden sich dabei nicht zuletzt durch den Grad der Beherrschung und schöpferischen Verwendung ihrer Muttersprache. Damit wird Descartes' Auffassung, daß zwar der Verstand in allen Menschen gleich sei, die Menschen aber nicht in gleicher Weise die Methode beherrschen, sich ihres Verstandes zu bedienen, auf die Fähigkeit der Zeichenverwendung übertragen.

Triebkraft der Sprachverwendung und Sprachentwicklung sind nach Condillac Bedürfnisse der Menschen in ihrem gesellschaftlichen Zusammenleben. Dabei erfolgt die Sprachentwicklung als ein Ineinandergreifen sich wechselseitig bedingender Systeme: System gesellschaftlicher Bedürfnisse, System gesellschaftlicher Erkenntnisse, System sprachlicher Zeichen. Auf diese Weise gewährleistet die Sprache gleichzeitig die Kommunikation wie auch die Weiterentwicklung und historische Akkumulation der gesellschaftlichen Erfahrung.

In den Wissenschaften sieht Condillac einen exemplarischen Fall dieser anhand der Sprache akkumulierten gesellschaftlichen Erfahrungen und der konstitutiven Funktion von Zeichen für das Denken. Die Auffassung, daß die Sprachen analytische Methoden seien, wird in der Übertragung auf die Wissenschaften sogar auf die zugespitzte Formulierung gebracht, wirkliche Wissenschaft sei eine zweckmäßig ausgebildete Sprache: toute science est *une langue bien faite.*[24]

Der sensualistischen Philosophie waren bedeutende Vertreter der verschiedensten Wissenschaftsdisziplinen seit der Mitte des 18. Jahrhunderts verpflichtet. Hier seien nur wenige Namen genannt: Maupertuis (der als Präsident der Berliner Akademie der Wissenschaften zum dortigen Interesse an sprachphilosophischen Problemen beitrug, damit auch zu den späteren Preisfragen über das Verhältnis von Sprache und Denken und über den Sprachursprung), Diderot, d'Alembert, Euler, Johann Heinrich Lambert, Lavoisier, Lamarck. Auf diesem wissenschaftsgeschichtlichen Hintergrund wird Eulers eingangs zitierte Äußerung verständlich, daß Gegenstand unserer Gedanken nicht so sehr die Dinge sind als vielmehr die Wörter, mit denen die Dinge bezeichnet werden. Euler meint damit, daß die Bildung, Fixierung und Kombination unserer Gedanken über die Dinge auf Zeichen angewiesen ist.

Die vielleicht eklatanteste wissenschaftliche Anwendung der sensualistischen Sprachtheorie war die Schaffung der neuen chemischen Nomenklatur durch Lavoisier als wichtiger Schritt in der Ausbildung der modernen Chemie. Lavoisier betont im Vorwort zu seinem epochemachenden „Traité élémentaire de chimie", daß er ursprünglich nur die Absicht hatte, die chemische Nomenklatur zu verbessern, aber gerade dadurch zu wichtigen Neuentdeckungen kam: „Bei dieser Arbeit habe ich dann besser als vorher die Evidenz der von Condillac aufgestellten Prinzipien erkannt ..., daß wir nur mit Hilfe der Wörter denken, daß die Sprachen wirkliche analytische Methoden sind; daß die Algebra als die einfachste, die genaueste und in allen Ausdrucksformen ihrem Gegenstand am besten angepaßte Sprache gleichzeitig eine Sprache und eine analytische Methode ist; und daß schließlich die Kunst des Denkens auf eine zweckmäßig ausgebildete Sprache zurückzuführen ist. Und tatsächlich, während ich glaubte, mich nur mit der Nomenklatur zu beschäftigen, während es nur mein Ziel war, die Sprache der Chemie zu vervollkommnen, wurde mein Werk unmerklich und unwiderstehlich ein traité élémentaire de chimie."[25]

Die moderne chemische Nomenklatur exemplifiziert Condillacs These, daß ein ideales Zeichensystem die genaue Analyse des Erkenntnisgegenstandes repräsentiert, indem es seine Elemente anhand geeigneter Zeichen miteinander kombiniert.

Die sensualistische Theorie einer konstitutiven Rolle der Zeichen für das Denken verlieh auch der Problematik des Verhältnisses von Wörtern und Dingen eine neue Tragweite durch die zwingende Folgerung, als eine Bedingung für den Fortschritt der Erkenntnis die Zeichen mit der Wirklichkeit in Übereinstimmung zu bringen, die sie repräsentieren. Anstelle der vorher immer wieder geforderten Wortdefinitionen wird jetzt jedoch vor allem die Analyse der Ideen und der von ihnen repräsentierten Dinge verlangt, um zu genauen Wortbedeutungen zu kommen. Die beständige Analyse der Dinge, der Ideen und der Zeichen muß also den Zeichen als konstitutiven Elementen des Denkens die Eigenschaft wirklicher Instrumente der menschlichen Erkenntnis verleihen.

Aus dem cartesianischen Dualismus ergab sich, wie wir oben sahen, als theoretische Konsequenz die Annahme einer grundsätzlich unterschiedlichen Natur des Denkens und der Zeichen und damit einer Deformierung des Denkens durch die Notwendigkeit der Zeichenverwendung. Diese Konsequenz fand ihren Ausdruck in der als unvermeidbar aufgefaßten Diskrepanz zwischen Wörtern und Dingen sowie in bestimmten Aspekten der Diskussion über den Wortmißbrauch.

Die sensualistische Hypothese einer konstitutiven Funktion der Zeichen für das Denken beseitigt zwar nicht die Problematik von Wortmißbrauch und Diskrepanz zwischen Wörtern und Dingen. Doch eröffnet diese Hypothese die Notwendigkeit und Möglichkeit der Aufhebung der Diskrepanz zwischen Wörtern und Dingen, da nunmehr – anstelle der Orientierung auf eine unverfälschte Erkenntnis der Dinge *unter Umgehung der Wörter* – der Weg zur Angleichung von Wörtern und Dingen theoretisch freigelegt wird. Indem die sensualistische Theorie auf diese Weise eine ständige Korrektur des Sprachgebrauchs legitimierte und forderte, war sie eine theoretische Begründung fortlaufender sprachlicher Innovation. Auch diese Problematik war unter dem Thema der *néologie* während des 18. Jahrhunderts Gegenstand einer intensiven Auseinandersetzung über die Erneuerung der Sprache durch neugeschaffene Wörter bzw. neue Bedeutungen schon vorhandener Ausdrücke.[26]

Daß hiervon nicht nur der bestehende Sprachgebrauch, sondern auch die jeweiligen Normen des Denkens angetastet werden, war keine Entdeckung des 18. Jahrhunderts. Die „Logik" von Port-Royal schlägt eine vorsichtige Lösung dieser Problematik vor, indem sie die *Wahrheit des Sprachgebrauches* (la vérité de l'usage), d. h. die sprachliche Norm, und die *Wahrheit der Dinge* (la vérité des choses) unterscheidet. In der Kommunikation muß man sich an die *vérité de l'usage* halten, weil man sonst Gefahr läuft, nicht verstanden zu werden. Die Wortbedeutungen wären *falsch*, „wenn sie nicht wirklich den Sprachgebrauch ausdrücken, d. h. wenn sie mit den Zeichen nicht die gleichen Ideen verbinden, die mit ihnen im gewöhnlichen Sprachgebrauch verknüpft sind."[27]

Locke ist etwas kühner und unterscheidet zwischen dem *civil use* und dem *philosophical use* der Wörter, will also offenbar für die Wissenschaft das Recht fordern, die *Wahrheit der Dinge* auszusprechen.[28]

Condillacs Lösungsvorschlag geht von der Strategie der Aufklärer aus, frontale Konflikte mit den herrschenden Mächten und Ideen zu vermeiden. Neue Erkenntnisse müssen vorsichtig propagiert werden, und nicht alle Irrtümer lassen sich von heute auf morgen beseitigen. Nicht zufällig betont Condillac, daß Descartes' System Erfolg hatte, weil es genügend alte Irrtümer unangetastet ließ. Bacon war dagegen seiner Zeit zu weit voraus, so daß seine philosophische Begründung der Erfahrungswissenschaft kaum Verständnis finden konnte.[29]

Für die wissenschaftliche Terminologie folgerte Condillac die Notwendigkeit, sogar für den Ausdruck neuer Ideen so weit wie möglich bereits existierende Wörter zu verwenden, indem sie in neue Zeichenkombinationen einbezogen werden und dadurch eine neue Teilbedeutung erhalten. Nur wenn kein bereits verfügbarer Terminus für die Bezeichnung einer neuen Idee in Frage kommt, sind neue Zeichen zu bilden, die sich aber in das schon bestehende Zeichensystem einfügen müssen.

Freilich wurde auch schon im 18. Jahrhundert angesichts der Unterschiedlichkeit der Einzelsprachen aus der Rolle der Zeichen für das Denken die Hypothese abgeleitet, daß den Menschen durch ihre jeweilige Muttersprache spezifische Erkenntnisstrukturen vorgegeben werden.[30] Doch orientierte der Erkenntnisoptimismus der Aufklärung darauf, die Spezifik der Einzelsprachen nicht als ein unüberwindbares Hindernis, sondern als eine zu beachtende Bedingung des Erkenntnisfortschrittes anzusehen. Denn eine genaue und fortlaufende Analyse der gegenständlichen Welt, der Ideen und der Zeichen ermöglicht nach der von Condillac und seinen Anhängern entwickelten Auffassung auch die Verwendung zweckmäßiger Zeichen. Dabei ist zwar vom überkommenen Sprachgebrauch auszugehen, seine ständige Korrektur und Erneuerung muß aber für die möglichst weitgehende Annäherung von Wörtern und Dingen sorgen.

Nicht zuletzt die Verwirklichung dieses Programms für die verschiedensten Sachbereiche und besonders für die Wissenschaften war das Ziel der von Diderot und d'Alembert herausgegebenen „Encyclopédie", die vielleicht als das bedeutendste Werk der Aufklärung angesehen werden kann. Diderots Feststellung, „die Wörter haben sich endlos vermehrt und die Kenntnis der Dinge ist zurückgeblieben"[31], war mehr als die Berücksichtigung eines Modethemas. Diderot betont ausdrücklich die sensualistischen Grundlagen seiner Forderung, alle Anstrengungen auf die Verbesserung der Sprache als Träger des Gedankens zu richten: „... die falschen Wortbedeutungen waren und sind die ergiebige Quelle unserer Irrtümer und Streitereien, und sie werden es immer sein ... Nur einem freien, gebildeten und mutigen Manne ist es möglich zu sagen: *Da alles, was im Verstande ist, durch die Sinneswahrnehmung Eingang findet, muß alles, was aus dem Verstande kommt, sich auf einen sinnlich wahrnehmbaren Gegenstand beziehen können,* und diese Regel auf alle Begriffe und auf alle Wörter anzuwenden ...

Die Generationen sind auf dem ganzen Erdball eine lange Reihe von Kindern, die sich daran gewöhnen, eine nach der anderen die Sprache der Unwissenheit und der Lüge zu sprechen ... dieses Gebrechen wird fortdauern, solange nicht aufgeklärte und kühne Männer (des hommes doués de lumières et de hardiesse) sich mit dem Instrument befassen werden, das als Vehikel des Gedankens dient ... Die Sprache also muß neugestaltet, bearbeitet, erweitert werden ..."[32]

Mit der Zusammenfassung des neuesten Wissensstandes über die Dinge in Form einer „Encyclopédie, ou *Dictionaire raisonné des sciences, des arts et des métiers*", das also gleichzeitig ein Wörterbuch der französischen Sprache war, sollte ein Beitrag zur Beseitigung des Wortmißbrauchs und des Widerspruchs zwischen Wörtern und Dingen in allen Bereichen der menschlichen Lebenspraxis bis hin zur Politik und den einzelnen Wissenschaften geleistet werden.

Das Erscheinen der Encyclopédie war noch nicht abgeschlossen, als der bedeutende Mathematiker und Physiker Johann Heinrich Lambert sein „Neues Organon" veröffentlichte, mit einem Untertitel, der auf die Rolle der *Bezeichnung des Wahren* für die gesicherte Erkenntnis verweist: „Gedanken über die Erforschung und Bezeichnung des Wahren und dessen Unterscheidung von Irrtum und Schein". Der zweite Band dieses Werkes rückt die zeichentheoretische Erkenntnisproblematik noch mehr in den Mittelpunkt und trägt die Überschrift „Semiotik, oder Lehre von der Bezeichnung der Gedanken und Dinge". Condillacs Zeichenauffassung und ihre wissenschaftstheoretischen Folgerungen werden von Lambert weiterentwickelt, wenn er ein Zeichensystem als ideal ansieht, das die *Theorie der Zeichen* und die *Theorie der Dinge* zur Deckung bringt.

Auch in Deutschland wurden die Gegenüberstellung von Wörtern und Dingen sowie die hiermit verbundene Problematik des Sprachmißbrauchs zu aktuellen Themen. Beide Themen hatte Herder mehrfach angeschlagen, bevor er in seiner Auseinandersetzung mit Kant dessen Apriorismus einen *Mißbrauch der Sprache* nannte: „Jede Zurückweisung auf ein Apriori außer und vor aller Erfahrung ist ein *Mißbrauch der Sprache,* der uns unser selbst d. i. unserer Sinne und unseres Verstandes beraubt."[33] Die Gegenüberstellung von Wörtern und Dingen formulierte Herder allerdings als einen mechanischen Gegensatz, offenbar ohne hierbei zu beachten, daß ein konsequenterer Sensualismus bereits zu dessen Überwindung im Sinne einer Funktion der Zeichen als Instrumente echter Erkenntnisse angesetzt hatte: „Worte aber sind nur Zeichen! Evidenz und Gewißheit muß also in den Sachen liegen, oder sie liegt nirgends! Worte sind abgesonderte, willkührliche, wenigstens zertheilende, unvollkommene Zeichen: sie muß also im ganzen, unzerstückelten tiefen Gefühl der Sache liegen, oder sie liegt nirgends . . ."[34]

Auch Kant, der sich im Gegensatz zu Herder für linguistische Fragen kaum interessierte, schlägt dieses Thema an: „. . . es ist überaus merkwürdig, daß, je mehr man seine gemeinsten und zuversichtlichsten Urtheile durchforscht, desto mehr man solche Blendwerke entdeckt, da wir mit Worten zufrieden sind, ohne etwas von den Sachen zu verstehen."[35]

Nach dem Ausgeführten erübrigt es sich zu betonen, in welcher Epoche die Quellen der oft zitierten Formulierung Mephistos liegen *„Denn eben wo Begriffe fehlen, da stellt ein Wort zur rechten Zeit sich ein . . ."*. Goethe hat die Problematik des Verhältnisses von Wort, Sache, Erkenntnis mehrfach angeschnitten und auch explizit formuliert, indem er sagte: „Wie schwer ist es, das Zeichen nicht an die Stelle der Sache zu setzen, das Wesen immer lebendig vor Augen zu haben und es nicht durch das Wort zu tödten."[36] Goethe war ebenso mit französischen wie mit deutschen Texten vertraut, in denen das Verhältnis von Wörtern und Dingen als erkenntnistheoretische Problematik diskutiert wurde. Auf einige Aspekte der Fortsetzung dieser Diskussion nach dem 18. Jahrhundert werden wir in unseren abschließenden Bemerkungen hinweisen.

2. Sprachursprungstheorie und Evolutionsdenken

Descartes' Betonung der artikulierten Lautsprache als äußeres Merkmal des Menschen gegenüber Tieren, die er als rein körperliche und damit seelenlose „Automaten" auffaßte, trug dazu bei, den Sprachursprung und die „Sprache der Tiere", im damaligen Denken unmittelbar verknüpft mit dem Problem einer „Seele" der Tiere, in den Interessenkreis der Auseinandersetzungen um die Natur des Menschen und seine Stellung im Universum zu rücken. Neben der vom Cartesianismus ausgelösten Diskussion über die Existenz oder Nichtexistenz psychischer und kommunikativer Fähigkeiten der Tiere wird während der zweiten Hälfte des 17. Jahrhunderts die Frage nach dem Sprachursprung im Rahmen der historischen Bibelkritik und der Naturrechtslehre aufgeworfen und steht damit in einem spezifischen Kontext der Frühaufklärung.

Nicht nur Lukrez' Beschreibung der natürlichen Sprachentstehung, auch die Aussagen einiger Kirchenväter über den Sprachursprung ließen sich für den berühmt-berüchtigten Begründer der historischen Bibelkritik in Frankreich, Richard Simon, schwerlich mit dem Text der Genesis zur göttlichen Sprachverleihung in Übereinstimmung bringen. Und der Autor einer philosophisch wie sprachtheoretisch sehr interessanten, seit 1676 mehrfach neu aufgelegten „Rhetorik", Bernard Lamy, wie Richard Simon Mitglied des Oratorianerordens, steht in der Sprachursprungsfrage in bedenklicher Nähe seines Ordensbruders. Ähnlich gibt Samuel Pufendorf aus naturrechtlicher Sicht Lukrez' Darstellung der von den Menschen selbst vollbrachten Sprachschöpfung mehr Raum als dem Offenbarungstext.[37] Im 18. Jahrhundert gewann die Debatte über den Sprachursprung dann die größte Aktualität, als die Auseinandersetzung um die Philosophie der Aufklärung ihren Höhepunkt erreichte.

Nach einer groben Klassifizierung lassen sich die im 17. und 18. Jahrhundert vorgetragenen Hypothesen über den Ursprung der Sprache in drei hauptsächliche Gruppen einteilen: 1. Übernatürliche Eingebung der Sprache an die ersten Menschen; 2. Sprache als Schöpfung der mit voller Denkfähigkeit ausgestatteten Menschen; 3. gemeinsame Entstehung und Entwicklung von Sprache und Denken im Verlauf der Geschichte der Menschheit.[38]

Die Annahme einer übernatürlichen Eingebung der Sprache an die ersten Menschen konnte in verschiedenen Varianten vom biblischen Schöpfungsmythos ausgehen. Eine mehrbändige „Geschichte der Meinungen über Ursprung und Vielfalt der Sprachen der Völker"[39] zeigt die Mannigfaltigkeit der Interpretationen einer übernatürlichen Sprachschöpfung und der babylonischen Sprachenverwirrung.

Die Hypothese der Sprachschöpfung als Werk des mit voller Denkfähigkeit ausgestatteten Menschen machte sowohl für eine rationalistische Ausgangsposition wie auch für einen Sensualismus Lockescher Prägung den Sprachursprung erklärbar. Das Ausgehen von einer Denkfähigkeit übernatürlicher Herkunft konnte zudem die Übereinstimmung mit einem religiösen Weltbild sichern. Diese Hypothese wurde im 17. und 18. Jahrhundert in verschiedenen Spielarten vertreten.

Die von Condillac entwickelte sensualistische Erklärung der gemeinsamen Entstehung und Entwicklung von Sprache und Denken ging nun über frühere Hypothesen eines natürlichen Sprachursprungs weit hinaus. Die wichtige Rolle der Zeichentheorie für den Sensualismus des 18. Jahrhunderts verlieh noch dazu der Sprachursprungsfrage und dem Verhältnis von Sprache und Denken eine neue Tragweite im Rahmen der aufklärerischen Säkularisierung des Weltbildes, der Einordnung des Menschen in den allgemeinen Zusammenhang der Natur, der Herausbildung des Perfektibilitätskonzepts auf biologischem wie auf sozialem Gebiet. Die „Geschichte des menschlichen Geistes“[40] war eine der damaligen Thematisierungen des Fortschrittgedankens, während auf biologischem Gebiet die Herausbildung des Organismusbegriffs und die beginnende Überwindung der Präformationslehre Schritte in der Herausbildung des naturwissenschaftlichen Entwicklungsdenkens waren.[41]

Die sensualistische Hypothese zur Entstehung von Sprache und Denken berührte unmittelbar jene Probleme, die der Debatte über „Sprache“ und „Seele“ der Tiere eine weltanschauliche Dimension verliehen hatten. Denn die Beschreibung von Kommunikationsformen der Tiere lieferte nun Anhaltspunkte für die körperlichen Grundlagen der Kommunikationsfähigkeit von Lebewesen und sogar Argumente für die Annahme von Sensibilität, Denk- und Kommunikationsfähigkeit der Materie. Eben dieser Annahme wurden weiterhin Descartes' Dualismus und seine Automatentheorie über die Tiere entgegengestellt, aber auch Leibniz' Lehre von der prästabilierten Harmonie als ein verfeinerter Erklärungsversuch des Verhältnisses von Geist und Materie. Daher im 18. Jahrhundert die Fortsetzung der Kontroverse und zahlreiche Publikationen zum Problem der „Tierseele“ und eine entsprechende Aktualität der „Tiersprache“.[42]

Sogar die Wörterbücher machen sich in Frankreich seit dem Ende des 17. Jahrhunderts zum Echo dieser Problematik, für die sich ein relativ breites Publikum interessiert. Sicherlich hatte die poetische Anthropomorphisierung der Tiere in der Fabeldichtung La Fontaines, der Gassendis Sensualismus nahestand, hierzu nicht wenig beigetragen. Pardies „Abhandlung über die Kenntnisse der Tiere“ (1672), eine ausführliche Problematisierung der Descartes'schen These vom Automatismus der Tiere, weist auf die Gefahr hin, daß Descartes' Automatentheorie gerade das Gegenteil ihrer guten Absicht herbeiführen, nämlich die Annahme einer beseelten Materie und die Bezweiflung der Unsterblichkeit der menschlichen Seele nahelegen könne.

Sicherlich hat dann im 18. Jahrhundert die Ausbreitung des Sensualismus, gefördert durch mehrfache Auflagen der französischen Übersetzung von Lockes „Essay concerning human understanding“, wegen Lockes Hypothese einer beseelten Materie den behördlichen Argwohn gegenüber dem Sensualismus erhöht. Jedenfalls mußte Voltaire der Verhaftung durch Flucht vorbeugen, als er sich mit seinen „Philosophischen Briefen“ (1734) zum französischen Propagandisten des Lockeschen Sensualismus machte. Die von Locke übernommene Beteuerung, daß die hypothetische Annahme einer materiellen Seele nicht glaubenswidrig sei, da sie in eindrucksvoller Weise die Allmacht des Schöpfers unterstreiche, der sogar die Materie mit Denkfähigkeit ausstatten könne, vermochte den Verdacht des Materialismus und Atheismus nicht abzuwenden. Sicherlich ist auf diesem Hintergrund auch der erhöhte Argwohn vor der Annahme einer Sprache und Seele der Tiere zu sehen.

Daher erzielt Bougeant 1739 mit seiner Schrift „Philosophisches Amusement über die Sprache der Tiere“ einen Skandalerfolg, der dem Werk mehrere Nachdrucke sichert und die kirchlichen Vorgesetzten zum Eingreifen veranlaßt. Bougeant erregte kirchliches Ärgernis, weil seine Darstellung der Empfindungs- und Kommunikationsformen von Tieren den Rang des Menschen als Krone der Schöpfung in Frage stellte. Dabei hatte Bougeant sich bemüht, die Anerkennung einer Seele der Tiere, unabwendbare Folgerung der Anerkennung ihrer „Sprache“, einzuschränken, indem er ihnen nur Seelen von Dämonen zuwies.

Bougeants Schrift ist ein Beispiel der zahlreichen Äußerungen des 18. Jahrhunderts zum Problem der Tierseele, denen als Problematik die Stellung des Menschen im Universum gegenwärtig ist. Nicht ohne Grund warnt ein Manifest der Gegenaufklärung wie das „Dictionnaire antiphilosophique“ – unmittelbar gegen Voltaires „Dictionnaire philosophique“ gerichtet, das wichtige Begriffe der Aufklärung in Form eines Wörterbuchs zusammengefaßt hatte – vor der Gefährlichkeit der Annahme einer Tierseele und der Verwischung des Unterschiedes zwischen Tier und Mensch.[43]

Zur Belebung dieser Diskussion hatte auch Linnés oft nachgedrucktes „Systema naturae“ (1735) beigetragen. Linnés Aufstellung einer Gruppe der Anthropomorphen, die vom Menschen gemeinsam mit dem Affen und dem Faultier gebildet wird, und die Betonung der Schwierigkeit, den Menschen anatomisch grundsätzlich vom Affen zu unterscheiden, verlieh den intellektuellen Eigenschaften und der Sprache des Menschen zur Begründung seiner Sonderstellung umso größeres Gewicht. Doch hatte Linné selbst, von Reiseberichten angeregt, dem Orang-Utan sprachliche Kommunikationsfähigkeit zuerkannt.[44] Umso zwingender mußte für das herrschende Weltbild die Unveränderlichkeit der Arten eine Selbstverständlichkeit sein, von der auch das „Systema naturae“ ausgeht und die erneut von dem gegenaufklärerischen „Anti-Lucrèce“ proklamiert wird.[45]

Seit der Mitte des 18. Jahrhunderts edierte Buffon seine monumentale

Naturbeschreibung, die eine aus einheitlichen *molécules organiques* aufgebaute Stufenleiter von Lebewesen annimmt und entwicklungsgeschichtlichem Denken den Weg bahnt. Doch zieht Buffon zwischen Tier und Mensch eine Trennungslinie im Sinne Descartes' und stützt sich dabei wiederum auf die nur dem Menschen gegebene Sprachfähigkeit. Er betont sogar, daß die höheren Affen genau das gleiche Gehirn und die gleichen Artikulationsorgane hätten wie der Mensch und folgert, Denken und Sprache könnten daher in letzter Instanz nur das Werk einer unkörperlichen Substanz sein.[46]

Buffons dualistische Grenzziehung zwischen Mensch und Tier wurde von Condillac und von dem bedeutenden Naturwissenschaftler und Tierpsychologen Charles Bonnet zurückgewiesen. Condillac verfaßte als Entgegnung an Buffon seine „Abhandlung über die Tiere" (1755). Sie übernimmt seine Erklärung der Entstehung von Sprache und Denken, die er bereits im „Essai über den Ursprung der menschlichen Erkenntnisse" (1746) gegeben hatte und handelt bezeichnenderweise mehr vom Menschen als von den Tieren! Kommunikationsformen der Tiere werden in einem eigenen Kapitel untersucht, mit der These, daß die Tiere nach Maßgabe ihrer tatsächlichen Bedürfnisse untereinander kommunizieren, und zwar mit Hilfe einer aus Körperbewegung und nichtartikulierten Lauten bestehenden *Aktionssprache* (langage d'action). Auch der Mensch verfügt über eine solche *Aktionssprache*, die ihm wie den Tieren mit seinen Körperorganen verliehen ist, die er aber zur artikulierten Lautsprache weiterentwickelt hat.[47]

Die Elemente der Aktionssprache sind für Tier und Mensch also gleichermaßen in Gestalt ihres Organismus gegeben. Alle Empfindungen und Ideen, die mit dieser Sprache ausgedrückt werden, kommen erst durch die Rezeption von Eindrücken der Außenwelt zustande. Sogar die Anwendung der Aktionssprache erfolgt bei Tier und Mensch damit in einem Lernprozeß, den der Mensch schließlich bis zur Ausbildung der artikulierten Lautsprache weitergeführt hat und in dessen Verlauf auch die Artikulation durch Übung vervollkommnet wurde.

Condillacs „Abhandlung über die Tiere" verdeutlicht den Zusammenhang zwischen der Problematik der „Tiersprache" und einer entwicklungsgeschichtlichen Dimension der artikulierten menschlichen Lautsprache, damit auch die Tragweite, die für das naturwissenschaftliche und speziell das anthropologische Interesse des 18. Jahrhunderts die Frage nach dem Sprachursprung erlangte. In dieser Hinsicht war allerdings die „Abhandlung über die Tiere" eine Fortsetzung der Positionen, die Condillac schon in seinem grundlegenden Erstlingswerk, dem „Essai über den Ursprung der menschlichen Erkenntnisse" bezogen hatte. Im „Essai" wurde erstmalig eine kohärente sensualistische Theorie über die *Entstehung und Entwicklung* des

Denkens und der Sprache gegeben. Wir sahen oben schon, daß Condillac, im bewußten Gegensatz zu Locke, das Denken und die Sprache aus einem allmählichen Prozeß der Wechselwirkung von Sinneseindrücken und Zeichen hervorgehen läßt, in dem mit Hilfe der Zeichen aus der ursprünglichen Sinnesempfindung die Denkvorgänge entstehen. Dabei gingen die Menschen von einer Stufe der Kommunikationsfähigkeit aus, wie sie ähnlich auch die höheren Tierarten aufweisen, von denen der Mensch sich aber durch seine Perfektibilität unterscheidet. Zu den ersten Gebärden und Schreien kamen artikulierte Lautzeichen hinzu, die schließlich in einem langen Prozeß der wechselseitigen Entwicklung von Denkvorgängen und Zeichen und bei teilweiser Beibehaltung der Gebärdensprache zur artikulierten Lautsprache weiterentwickelt wurden. Das Denken ist also ein Entwicklungsprodukt, nämlich die mit Hilfe der Zeichen umgewandelte Sinnesempfindung: *la sensation transformée*.

Condillacs Hypothese eines allmählichen geschichtlichen Entstehungsprozesses von Sprache und Denken, in dessen Verlauf erst die Sprachfähigkeit mit Einschluß voller Funktion der Artikulationsorgane erreicht wird, beginnt, Phylogenese und Ontogenese der Sprache voneinander abzuheben. Denn die Erklärung des Denkens als *sensation transformée* zielt auf die Erkenntnis eines phylogenetischen Prozesses, in dessen Verlauf, ausgehend von einer Stufe der Empfindungs- und Kommunikationsfähigkeit, auf der sich die höheren Tierarten noch heute befinden, die Zeichenverwendung gleichzeitig Instrument und Gegenstand einer immer weitergehenden Entwicklung bis hin zur vollen Ausbildung des Denkens und der Sprache war.

Freilich löst Condillac sich damit nicht von dem individualpsychologischen Entstehungs- und Entwicklungsmodell, das bei der Erklärung des Denkens und der Sprache noch lange aktuell bleiben sollte und das vom voll ausgebildeten Individuum der Gattung ausging, um es in die Geschichte zurückzuprojizieren. Doch nimmt dieses individualpsychologische Modell in Gestalt des Lernprozesses von Kindern bei Condillac infolge der Einschränkung durch das Hinzukommen einer phylogenetischen Dimension einen merklich geringeren Raum ein als bei Locke.

In der von Condillac zeichentheoretisch unterbauten sensualistischen Sicht des Menschen ist die *ratio* somit nicht mehr ein vorgegebener übernatürlicher Ausgangspunkt, sondern das Ergebnis einer langen natürlichen Entwicklung, ausgehend von den körperlichen Voraussetzungen und der Vervollkommnungsfähigkeit des Menschen, die es gestatten, ursprüngliche Sinnesempfindungen mit Hilfe der Zeichen bis zu den höchsten Stufen der Denk- und Kommunikationsfähigkeit umzuwandeln.

Die tierisch-menschliche Aktionssprache und die artikulierte Lautsprache des Menschen haben trotz aller Unterschiedlichkeit weiterhin wesentliche

Gemeinsamkeiten. Beiden liegt als Funktionsprinzip die *Gedankenverknüpfung* (*liaison des idées*) zugrunde und als Triebkraft das Kommunikationsbedürfnis. Auch für die Tiere verbindet die *liaison des idées* Empfindungen oder Ideen mit Zeichen, und mit Hilfe der Zeichen die Ideen untereinander.[48]

Auslösender Faktor jeder Kommunikationshandlung ist das jeweilige Bedürfnis. Auf der ersten Stufe der Aktionssprache handelt es sich bei Tier und Mensch um primäre Lebensbedürfnisse wie Ernährung und Schutz vor Feinden. Beim Menschen hat diese Fähigkeit eine viel höhere Stufe erreicht, weil die menschliche Gesellschaft ganz andere Bedürfnisse entstehen läßt als das Zusammenleben der Tiere. Die menschliche Kommunikation hat sich daher von der ursprünglichen Befriedigung primärer Lebensbedürfnisse weit entfernt und im Verlauf der geschichtlichen Entwicklung die verschiedensten Formen angenommen, die wir heute als soziokulturell bezeichnen würden, bis hin zu den in Condillacs Darstellung mit einbezogenen Kunstgattungen.[49]

Charles Bonnet gibt ebenfalls eine sensualistische Erklärung der tierischen und menschlichen Kommunikation. Er erweitert Condillacs vorwiegend philosophisch-spekulativ formulierte Position durch Tierbeobachtungen und physiologisch-anatomische Gesichtspunkte. Condillacs Meinung, daß die Tiere in dem Grade miteinander kommunizieren, wie es ihre Lebensbedürfnisse unter den gegebenen Existenzbedingungen erfordern, ergänzt er durch den wichtigen Hinweis, die Unterschiede ihrer organischen Struktur seien Ursache ihrer unterschiedlichen Kommunikationsfähigkeit. Als Entgegnung an Buffon stellt er fest, daß eine vom Menschen abweichende Gehirnstruktur das Fehlen der Sprachfähigkeit beim Affen bedingt.[50] Die Beobachtung von Denk- und Kommunikationsformen der Lebewesen führt Bonnet bei aller religiösen Grundhaltung sogar zu der Hypothese, daß die Seele möglicherweise materiell sei. Falls dies einmal überzeugend nachgewiesen werde, sei das ein Grund mehr, die Macht zu bewundern, die der Materie Denkfähigkeit verliehen habe.[51] Bonnet übernimmt damit in dieser Frage die deistische Auffassung von Locke und Voltaire, auf deren Verklagung als Materialismus wir schon hingewiesen haben.

In der religiösen Form einer Palingenesie kommt Bonnet sogar zur Vision, einer Perfektibilität der Tierarten, die an die Vervollkommnung ihrer Kommunikationsfähigkeit gebunden ist. Ausgehend vom Zusammenhang zwischen der Geschicklichkeit des Elefantenrüssels und der hohen Intelligenz und Kommunikationsfähigkeit dieses Tieres[52], spricht Bonnet die hypothetische Folgerung aus, daß Intelligenz und Kommunikationsfähigkeit des Elefanten bei entsprechender Weiterentwicklung sein Aufsteigen in die intellektuelle Sphäre des Menschen ermöglichen könnten. Wenn die Weisheit des Schöpfers der Entwicklung des Kommunikationsvermögens und damit der Intelligenz der Tiere nicht ewige Grenzen gesetzt hätte, würde der Thron des Menschen als Herrscher über die Tiere ins Wanken kommen.[53] Mit seinen „Philosophischen Briefen über die Intelligenz und Perfektibilität der Tiere" hat auch Ch.-G. Leroy, der ebenfalls der sensualistischen Philosophie verpflichtet war und sich auf eigene Beobachtungen von Tieren und ihren Kommunikationsformen stützte, das aufklärerische Schlagwort der *perfectibilité* auf das Tierreich übertragen.

Der bedeutende Naturforscher Albrecht von Haller widersprach wie Condillac und Bonnet Buffons Auffassung der Grenze zwischen Tier und Mensch. Trotz religiös inspirierter Bedenken gegen bestimmte Folgerungsmöglichkeiten aus dem Sensualismus teilt Haller einige sensualistische Gesichtspunkte mit Condillac, der sich seinerseits in der Entgegnung an Buffon auf die physiologischen Arbeiten Hallers über die Irritabilität des Tierkörpers berief. In einer Formulierung, die das Denken nach dem Konzept der *sensation transformée* erklärt, zitiert Haller sogar Condillacs Kritik am dualistischen Restbestand in Lockes Sensualismus: „. . . Locke hat mit Unrecht . . . das Nachdenken von den Sinnen als eine Quelle der Empfindungen getrennt; das Nachdenken ist selbst in seinen Anfängen nichts als Empfindung, und dieser anscheinend kleine Fehler hat den Locke in der Folge weit geführt."[54] Auch die konstitutive Rolle der Zeichen für das Denken macht Haller sich zu eigen. Die Tiere haben ein umso schlechteres Gedächtnis, je weniger Zeichen sie besitzen. Wichtige Gemeinsamkeiten hat für Mensch und Tier die Sprache der Leidenschaften. Sie ist so universell, daß in ihr nicht nur die Tiere unter sich, sondern sogar Tier und Mensch miteinander kommunizieren.[55]

Die oben skizzierten Einwände von Condillac, Charles Bonnet und Albrecht von Haller gegen Buffons an Descartes angelehnte Grenzziehung zwischen Mensch und Tier verdeutlichen das Dilemma, das die Beobachtung tierischer Psyche und Kommunikation in der philosophischen Konstellation des 18. Jahrhunderts erneut aufwerfen mußte. Neben anderen wies darauf jetzt der Mathematiker und Naturforscher Maupertuis hin (dessen linguistische Interessen besonders während seines Wirkens als Präsident der Berliner Akademie der Wissenschaften zur Geltung kamen): Wenn der seelenlose Mechanismus der Tiere all ihre Handlungen erklärt, wie es die Cartesianer behaupteten, dann mußte die Folgerung naheliegen, daß auch für den Menschen eine Seele als immaterielles geistiges Prinzip überflüssig sei.

Die Anerkennung einer Tierseele vermied zwar diese fatale Konsequenz. Jedoch nur, um mit der hierdurch erfolgten Annäherung von Tier und Mensch ein neues Dilemma aufzuwerfen, das ebenfalls die Möglichkeit einer materialistischen Naturinterpretation eröffnete. Der Hallenser Philosoph

Georg Friedrich Meier konnte ruhigen Gewissens seinen „Versuch eines neuen Lehrgebäudes von den Seelen der Tiere“ (1749) veröffentlichen, weil seine vorangegangene Schrift „Beweis, daß keine Materie denken könne“ (1742) gefährlichen Interpretationen einer Anerkennung der Tierseele vorbeugte.

Ähnlich wie La Mettrie[56] und später Hennings in seiner umfangreichen „Geschichte von den Seelen der Menschen und Tiere“ (Halle 1774) sah Maupertuis in Descartes' Automatentheorie den Versuch, die Konsequenzen einer genauen Naturbeschreibung vor dem Argwohn der Theologen zu bewahren.[57] Im Verhalten der Tiere sah er den Beweis ihrer psychischen Aktivität und Denkfähigkeit. Als Biologe war Maupertuis Gegner der Präformationslehre und ging so weit, für die Elementarteile der Materie *Sensibilität* und sogar *Gedächtnis* (mémoire) als Voraussetzung für die Entstehung und Entwicklung der Organismen anzunehmen[58], ein Gedanke, der in heutiger Terminologie als „Fähigkeit zur Informationsverarbeitung“ formuliert werden könnte.

Diderot, der sich Condillacs Sensualismus zu eigen gemacht hatte und mit seinen „Gedanken über die Interpretation der Natur“ (1753–54) an Maupertuis anknüpfte, machte Kommunikationsfähigkeit sogar zum Bestandteil seiner Hypothese einer Evolution der Materie bis zur Ausbildung von Organismen, deren Entwicklung schließlich die höchsten intellektuellen Eigenschaften hervorbringt. So könnte man annehmen, daß eine Vereinigung von Elementen der Materie einen Organismus bildet, der nach und nach in einem unendlich langen Entwicklungsprozeß immer neue Stufen geistiger und kommunikativer Fähigkeit erreicht. Ausgehend von den elementaren Eigenschaften Bewegung und Sinnestätigkeit, verläuft diese Entwicklung „in Millionen Jahren“ über verschiedene Stufen der Zeichenverwendung und der Ausbildung des Denkens bis zur Entstehung der artikulierten Lautsprache, der Wissenschaften und Künste: „. . . du mouvement, de la sensation, des idées, de la pensées, de la réflexion, de la conscience, des sentiments, des passions, des signes, des gestes, des sons, des sons articulés, une langue, des lois, des sciences, et des arts; qu'il s'est écoulé des millions d'années entre chacun de ces développements; . . .“[59]

Bei Maupertuis und noch expliziter bei Diderot tritt also tatsächlich an die Stelle einer statischen Stufenfolge und Verkettung der Lebewesen ein evolutionistisches Transformationskonzept mit Einbeziehung der Funktion von Zeichen und Sprache, denen Condillac eine zentrale Rolle für die Ausbildung der *sensation transformée* zugewiesen hatte.

Wurde die Unterscheidung von Ontogenese und Phylogenese der Lebewesen durch Condillacs im Ansatz phylogenetische Erklärung des Denkens und der Sprache mit angeregt, die Maupertuis wie Diderot vertraut war? Wir wiesen oben darauf hin, daß bei Condillac im Unterschied zu Locke neben die ontogenetische Sicht eine phylogenetische Sicht der Sprache und des Denkens tritt und dem Konzept der *sensation transformée* zugrundeliegt.

In zahlreichen Stellungnahmen des 18. Jahrhunderts zum Ursprung von Sprache und Denken ist das Fehlen der Unterscheidung von Ontogenese und Phylogenese vielleicht die wissenschaftlich schwächste Seite. Solange es unvorstellbar war, daß die Gattung Mensch eine eigene Entstehungsgeschichte hat, wurde bei der Betrachtung des Ursprungs von Sprache und Denken das Individuum der voll ausgebildeten Gattung in die Geschichte zurückprojiziert. Die Folge war ein individualpsychologisches Entwicklungsmodell, das die normale Spracherlernung des Kindes, das Kommunikationsverhalten isoliert von der Gesellschaft aufgewachsener Menschen oder Taubstummer zu idealen Untersuchungsobjekten für die Erklärung der Sprachentstehung machte. Daher eine nicht abreißende Diskussion über die Zeichensprache der Taubstummen, über die intellektuellen und kommunikativen Fähigkeiten „wilder Kinder", deren Beobachtung allerdings zu wichtigen Schlüssen über das Leben in der Gesellschaft als Voraussetzung für die Ausbildung dieser Fähigkeiten führte.[60]

Auch in Condillacs Theorie wird ein individualpsychologisches Ursprungsmodell der Sprache und des Denkens nicht eliminiert. Doch sahen wir schon, daß Condillacs Hypothese die allmähliche Entstehung von Sprache und Denken in eine gattungsgeschichtliche Dimension stellt, die sich deutlich von Lockes Sichtweise abhebt: In Condillacs Darstellung werden organismische Voraussetzungen bis zur vollen Funktion der Artikulationsorgane geführt; und in einem historischen Entwicklungs- und Abstraktionsprozeß, in dem die Zeichenverwendung gleichzeitig Instrument und Gegenstand einer immer weitergehenden Entwicklung, bis hin zur vollen Ausbildung des Denkens und der Sprache ist, gehen beide aus einer Stufe der Empfindungs- und Kommunikationsfähigkeit hervor, die als *langage d'action* dem Menschen aufgrund seiner körperlichen Konstitution verliehen ist, so wie auch die Tiere eine ihrer Konstitution und ihren Bedürfnissen entsprechende Aktionssprache haben.[61] Noch heute erinnert eine von den Menschen weiterhin praktizierte *Aktionssprache* an ursprüngliche Kommunikationsformen. Die artikulierte Lautsprache entstand zwar in einer natürlichen Entwicklung aus der *Aktionssprache*, als einer Mischung von Gebärden und Lauten, mußte dann aber ihre volle Entfaltung gegen die Gebärdensprache durchsetzen.[62]

Im Anschluß an Condillac hat auch Rousseaus Sichtweise einen phylogenetischen Ansatz, wenn er den Menschen auf der Frühstufe seiner Geschichte als *animal stupide et borne*[63] bezeichnet, das vom Bedürfnis der Selbsterhaltung zum gesellschaftlichen Zusammenschluß und zu ersten elementaren Formen der Kommunikation veranlaßt wird.

Im Vergleich mit Condillac und Rousseau bezieht Herder einen gemäßigten

Standpunkt, wenngleich er in seiner preisgekrönten Antwortschrift auf die von der Berliner Akademie 1769 gestellte Frage nach dem Sprachursprung entschieden eine natürliche Sprachentstehung vertritt. Herder distanziert sich jedoch von Condillacs Konzept der *sensation transformée* und spricht der Menschheit von Beginn an die Fähigkeit der *Besonnenheit* zu, mit deren Hilfe die Sprache entwickelt wurde. Damit nähert er sich dem Standpunkt Lockes, der eine zunächst unabhängig von der Sinneswahrnehmung und der Sprache existierende *reflection* voraussetzte. Doch ist die ursprüngliche *Besonnenheit* in Herders Darstellung eine so elementare geistige Eigenschaft, daß die eigentlichen intellektuellen Eigenschaften des Menschen sich erst in einer entwicklungsgeschichtlichen Dimension und als Wechselwirkung mit der Entwicklung der Sprache entfalten. In dieser Hinsicht erfolgt also wiederum eine Annäherung an die Auffassung Condillacs.

Herders These der natürlichen Sprachentstehung fiel trotz seiner Ablehnung des Konzepts der *sensation transformée* und trotz seiner Betonung der Sonderstellung des Menschen unter die zugespitzte Charakteristik der Theorien, die den göttlichen Ursprung der Sprache bestreiten: „Mithin ist die sinnreiche Hypothese, welche den Ursprung der Sprache menschlicher Erfahrung zuschiebt, im Grunde ein loser Einfall einiger Newtonianer diesseits des Wassers, die alle . . . zum possierlichen Affengeschlechte gehören . . .“[64]. Herders teilweise und halbherzige Beachtung dieses Einwandes hindert ihn nicht daran, später in seinen „Ideen zur Philosophie der Geschichte der Menschheit“ (1784) die Ansätze einer naturgeschichtlichen Entwicklungslehre noch deutlicher werden zu lassen als in seiner Abhandlung über den Sprachursprung.

Im gleichen Jahr wie die „Ideen zur Philosophie der Geschichte der Menschheit“ erschien auf Herders Veranlassung als deutsche Übersetzung „Des Lord Monboddos Werk von dem Ursprung und Fortgang der Sprache“. Es rückt die Sprachentstehung in eine geschichtliche Perspektive, die sich noch mehr als bei Herder zur naturgeschichtlichen erweitert. Zwar distanziert sich Herder in seinem Vorwort von Monboddos Meinung, „*daß Affe und Mensch ein Geschlecht sei*“, doch führt er die Sprachfähigkeit des Menschen auf seinen gegenüber dem Affen unterschiedlichen Organismus und auf die Lebensform der menschlichen Gesellschaft zurück. Dabei beruft er sich auf Campers „Entdeckung, daß der Affe auch dem Organ nach nicht zur Sprache geschickt sei“. In seinem Spätwerk „Kalligone“ (1800) übernimmt Herder entwicklungsgeschichtliche Gedanken von Charles Bonnet (vgl. o. S. 23f.) und sieht einen Zusammenhang zwischen der intellektuellen Stufe des Menschen und der Geschicklichkeit seiner Hand: „Wodurch konnte der Elefant das weiseste der Tiere werden? Durch seine vielgelenkige Hand, den Rüssel . . .“ [65]

Es soll nicht Ziel unserer vorangehenden Ausführungen sein, den Kreis der „Vorläufer Darwins“ um die Anhänger der im 18. Jahrhundert ausgebauten

These vom natürlichen Sprachursprung zu erweitern. Zutreffender als die Formulierung „Herder als Vorläufer Darwins“[66] ist es, wenn die hiermit ausgesprochene Problematik in den Worten „Herder und die Ansätze einer naturgeschichtlichen Entwicklungslehre im 18. Jahrhundert“[67] ausgedrückt wird. Bei einem allzu weit gefaßten Bedeutungsumfang des Wortes „Vorläufer“ könnte es auch im Hinblick auf Darwin schwierig sein, „sich des Eindrucks zu erwehren, daß man überall Vorläufer entdeckt“.[68]

Bei der Anwendung auf Jean-Baptiste Lamarck (1744–1829) dürfte diese Vokabel allerdings keine Übertreibung mehr sein, und noch weniger ist zu bezweifeln, daß Lamarck Arbeiten und Hypothesen des 18. Jahrhunderts auf einer neuen Stufe fortsetzt. Bei Lamarck tritt an die Stelle der entwicklungsgeschichtlichen Ansätze des 18. Jahrhunderts eine explizite Lehre von der Transformation der Arten, die auf neue naturwissenschaftliche Erkenntnisse einging, aber auch von einer sensualistischen Wissenschaftstheorie inspiriert wurde. Lamarck, der schon 1778 seine „Flore française“ veröffentlichte und sich seit den neunziger Jahren der Zoologie zuwandte, lernte eine auf Condillac gestützte Wissenschaftstheorie kennen, bevor er 1809 in seiner „Philosophie zoologique“ eine zusammenfassende Darstellung seiner Lehre von der Transformation der Arten gab und dabei die Anthropogenese mit einbezog. Die von Condillac für die Entwicklung der Kommunikationsfähigkeit betonte Rolle des *Bedürfnisses* sieht Lamarck dabei als Faktor der Höherentwicklung für die Ausbildung der Artikulationsorgane und des Gehirns. Bei den Anthropoiden als der am weitesten entwickelten Art führte die Spezifik sozialer Lebensformen zu immer höheren Kommunikationsbedürfnissen und entsprechender Kommunikationsfähigkeit. Die Ausbildung der Artikulationsorgane und die Höherentwicklung des Gehirns erfolgten in einem Prozeß der Wechselwirkung mit der Entstehung der Sprache.[69]

Vertreter der Transformationslehre des 19. Jahrhunderts verwenden bei der Erklärung der Anthropogenese in der Tat Argumente, die mit sensualistischen Hypothesen des 18. Jahrhunderts über die Sprachentstehung übereinstimmen. Darwins erstes Hauptwerk „Über den Ursprung der Arten“ (1859) widmet sich noch nicht der Anthropogenese. Doch schon kurz darauf skizziert August Schleicher unter dem Einfluß Darwins in seiner Schrift „Über die Bedeutung der Sprache für die Naturgeschichte des Menschen“ (1865) die Entstehung und Entwicklung der Sprache in Formulierungen, die an die sensualistischen Argumente der Aufklärungsdebatte und besonders an Condillacs Ausführungen zur *Aktionssprache* von Mensch und Tier als Ausgangspunkt für die allmähliche Entstehung der artikulierten Lautsprache anklingen, darüber hinaus aber ganz bewußt auf den Prozeß der Menschwerdung hinweisen: „. . . die Glottik findet zum Mindesten nichts, was der Annahme widerspräche, dass die einfachsten Gedankenäusserungen mittels des Lautes, dass die Sprachen einfachsten Baues allmählich aus Lautgebärden und Schallnachahmungen, wie sie auch die Thiere besitzen, hervorgegangen sind. Dies näher hier zu begründen würde viel zu weit führen, auch glaube ich, dass gerade von Seiten der jetzigen Naturforschung diese Ergebnisse der Glottik am wenigsten für unwahrscheinlich gehalten werden dürften.

Eine Widerlegung der Ansicht, die Sprache sei die Erfindung eines Einzelnen, oder sie sei dem Menschen von Aussen her mitgetheilt worden, glaube ich mir füglich ersparen zu können. Die Sprache, die wir auch in dem kurzen Zeitraume des bisherigen geschichtlichen Lebens der Menschen in fortwährender Veränderung begriffen sehen, gilt uns also als das Product eines allmählichen Werdens nach bestimmten Lebensgesetzen, die wir in ihren wesentlichen Zügen aufzuzeigen im Stande sind. Auch verträgt sich mit der Annahme einer materiellen Grundlage der Sprache in der somatischen Beschaffenheit des Menschen nur die der Entstehung und Entwickelung der Sprache zugleich mit der Ausbildung des Gehirns und der Sprachorgane.

Macht nun aber erst die Sprache den Menschen, so sind unsere Urväter von Anfang an nicht das gewesen, was wir jetzt Mensch nennen, denn dies wurden sie ja erst mit der Ausbildung der Sprache. Ausbildung der Sprache ist uns aber gleichbedeutend mit Entwicklung des Gehirns und der Sprachorgane. So leiten also die Ergebnisse der Glottik ganz entschieden auf die Annahme einer allmählichen Entwickelung des Menschen aus niederen Formen; eine Ansicht, zu welcher bekanntlich die Naturwissenschaft unserer Tage von ganz anderer Seite her ebenfalls gelangt ist. Schon deshalb dürfte also die Sprache für die Naturforschung, speciell für die Entwickelungsgeschichte des Menschen, von Bedeutung sein.“[70]

Drei Jahre nach diesem Text Schleichers erscheint eine Studie von Bleek „Über den Ursprung der Sprache als erstes Kapitel einer Entwickelungsgeschichte der Menschheit“ (1868), herausgegeben und mit einem Vorwort versehen von Ernst Haeckel, dem ersten bedeutenden Propagator des Darwinismus in Deutschland.

Als Darwin es dann 1871 wagte, die „Abstammung des Menschen“ zu veröffentlichen, fanden sich hier die sensualistischen Thesen zur Sprachentstehung wieder in seiner Feststellung, „daß die Sprache ihren Ursprung der Nachahmung und Umbildung verschiedener natürlicher Laute, der Stimmen anderer Tiere und den eigenen instinktiven, durch Zeichen und Gebärden unterstützten Ausrufungen des Menschen verdankt“.[71] Doch beruft Darwin sich dabei auf Veröffentlichungen von zeitgenössischen Linguisten wie Schleicher, Max Müller und anderen.

Darwin behandelt die Entstehung der artikulierten Lautsprache im Rahmen eines Vergleichs der geistigen und kommunikativen Fähigkeiten des Menschen mit denen der Tiere. Dieses seit dem 17. Jahrhundert immer wieder diskutierte Thema hatte Darwin im übrigen bei der Abfassung seines Werkes so sehr interessiert, daß er anschließend dem „Ausdruck der Gemütsbewegungen bei Mensch und Tier“ (1872) noch ein eigenes Buch widmete – also eine ebenfalls seit dem 17. Jahrhundert und besonders in der Sprachdiskussion der Aufklärung viel debattierte Problematik, bei der es um die für Mensch und Tier gemeinsame körperliche Bedingtheit der *passions* und ihrer Ausdrucksformen ging. Auf dieses Thema war auch schon Charles Darwins eigener Großvater, Erasmus Darwin, in seiner „Zoonomia, or the Laws of Organic Life“ (1784) eingegangen.[72]

Ernst Haeckel, der nicht müde wurde, sich für Darwins Abstammungslehre einzusetzen, betonte dann auch in seinen eigenen Schriften den Zusammenhang von Sprachursprung und Anthropogenese. Dabei kam er auf Streitpunkte zurück, die dem Kenner der einschlägigen Aufklärungsdebatte nicht neu sind, beginnend mit der sogar noch im 19. Jahrhundert „von angesehenen Autoritäten“ verteidigten These der göttlichen Sprachschöpfung: „Alle Sprachforscher, welche nur einigermaßen mit der Wissenschaft fortgeschritten sind, nehmen jetzt übereinstimmend an, daß alle menschlichen Sprachen sich langsam und allmählich aus einfachsten Anfängen entwickelt haben. Hingegen ist der wunderliche, noch vor dreißig Jahren von angesehenen Autoritäten verteidigte Satz, daß die Sprache ein göttliches Geschenk sei, jetzt wohl ganz allgemein verlassen und wird höchstens noch von Theologen und von solchen Leuten verteidigt, die überhaupt von natürlicher Entwicklung keine Vorstellung haben. Angesichts der glänzenden Resultate der vergleichenden Sprachforschung muß man in der That sich die Augen mit beiden Händen zuhalten, wenn man die natürliche Entwicklung der Sprache nicht sehen will. Für den Naturforscher ist diese eigentlich selbstverständlich. Denn die Sprache ist eine physiologische Funktion des menschlichen Organismus, welche sich gleichzeitig mit ihren Organen, dem Kehlkopfe und der Zunge und gleichzeitig mit den Gehirnfunktionen entwickelt hat.“[73]

Haeckel weist darauf hin, daß Lamarck im wesentlichen die gleiche Erklärung für die Entstehung von Sprache und Denken in der Anthropogenese gegeben hatte, doch geht Haeckels Blick offenbar nicht bis auf das 18. Jahrhundert und die Bedeutung der sensualistischen Fragestellungen für Lamarck zurück.

Ein anderer Verteidiger des damals heiß umstrittenen Darwinismus verweist dagegen auf die in der Sprachdiskussion des 18. Jahrhunderts aufgeworfenen Fragestellungen und ihre Fortsetzung in Darwins naturwissenschaftlicher Begründung der Transformationslehre. An den Anfang seines Buches „Descendance et Darwinisme“ (2. Auflage 1876) stellt der Verfasser einen Abschnitt „Über die Ergebnisse der Philologie“.[74] An erster Stelle unter den Argumenten zugunsten Darwins wird damit vor allem auf die seit der Mitte des 18. Jahrhunderts bei der Untersuchung der Sprachentstehung und -entwicklung erreichten Ergebnisse verwiesen. Die Theorien über den Ursprung der Sprache werden in ihrer damaligen Bedeutung für die Vorstellungen über die Herkunft des Menschen gesehen und als ein Ausdruck der Bemühungen, den *Platz des Menschen in der Natur*[75] zu ermitteln.

3. Sprachtheorie und Gesellschaftsauffassung

Nachdem der vorangehende Abschnitt sich mit naturgeschichtlichen Folgerungen aus Interpretationen der Sprache beschäftigte, werden wir nunmehr auf einige Aspekte der gesellschaftstheoretischen Relevanz von Problemen des Ursprungs, der Entwicklung und Funktion der Sprache verweisen.

Jede Theorie über den Sprachursprung enthält neben anthropologischen Aussagen auch wichtige Folgerungen in bezug auf den Ursprung der Gesellschaft, zumindest was das zeitliche Verhältnis der jeweiligen Entstehung von Sprache und Geesellschaft betrifft. Das Dilemma der diesbezüglichen Diskussion ging aus der Erkenntnis der gegenseitigen Bedingtheit von Sprache und Gesellschaft hervor. Daher die Annahme, daß als Ergebnis einer übernatürlichen Schöpfung Formen der menschlichen Gesellschaft bestanden haben müssen, ehe die Sprache „erfunden“ wurde, oder aber daß Sprache und Gesellschaft auf einen gemeinsamen Schöpfungsakt zurückgehen. Dieses Postulat gab durchaus den Blick frei auf Aspekte der gegenseitigen Abhängigkeit und der gemeinsamen Entwicklung von Sprache und Gesellschaft, wenngleich bis zum 18. Jahrhundert häufig durch das Prisma biblischer Überlieferung, wie die babylonische Sprachenverwirrung, oder die grundsätzliche Annahme, Sprache und Gesellschaft hätten sich von einem idealen Urzustand entfernt.

Wir wiesen schon auf Richard Simons Zweifel an der biblischen Schöpfungsthese im Rahmen seiner historischen Bibelkritik hin. In seiner „Histoire critique du Vieux Testament“ (1678) wird die natürliche Sprachschöpfung durch den Menschen, mit ausführlichen Verweisen auf antike Quellen unterbaut, dem Wortlaut der Genesis entgegengehalten.

Gegen die Annahme einer göttlichen Sprachschöpfung, die er als Folge einseitiger Interpretation der Genesis ansieht, und ebenso gegen die analoge These in Platos „Kratylos“, zitiert Richard Simon als Zeugen für die Glaubwürdigkeit der natürlichen Sprachentstehung Aristoteles, Epikur, Lukrez und Diodor von Sizilien. Um den Verdacht der Ketzerei abzuwenden, wird der Heilige Gregor von Nyssa in die gleiche Reihe gestellt. Laut Gregor von Nyssa führte Gott weder die babylonische Sprachenverwirrung herbei, noch schuf er eine Sprache für die ersten Menschen. War Gott etwa Grammatiklehrer, um eine Sprache zu erfinden und sie Adam und Eva beizubringen? Gott hat die *Dinge* erschaffen, die *Wörter* aber sind ein Werk des Menschen. Hierfür hatte Gott ihnen die natürliche Fähigkeit des Denkens verliehen. Weil die Denkweise der Nationen nicht die gleiche ist, gibt es eine Vielzahl unterschiedlicher Sprachen.[76]

Gewiß hatten die Menschen nur eine Sprache, solange sie alle zusammenlebten. Nachdem aber Gottes Wille sie über die ganze Erde zerstreut hatte, veränderte sich auch die Sprache in unterschiedlicher Weise, so daß es zu unterschiedlichen Bezeichnungen der Dinge kam, obwohl die Menschen in deren Erkenntnis eigentlich übereinstimmen. Mithin ist Gott nur indirekte Ursache der Sprachenvielfalt.[77] Die Entwicklung der Sprachen wird so in die Perspektive einer natürlichen Entwicklung der Menschheit gestellt.

Im Schutze der Anführung dieser Thesen eines Kirchenvaters läßt Richard Simon dann Diodor von Sizilien zu Wort kommen, untermalt mit Zitaten aus Lukrez. Diodor zufolge stießen die Menschen zunächst spontane Laute aus, die nichts bedeuteten, aus denen die Menschen aber schließlich mit Hilfe ihres Verstandes die artikulierte Lautsprache entwickelten, um ihre Gedanken auszudrücken. Triebkraft dieser Entwicklung war das Kommunikationsbedürfnis der Menschen und die Notwendigkeit, in dem Grade neue Wörter zu erfinden, wie neue Dinge entdeckt wurden. Eine Feststellung, die mit Lukrez' Formulierung *utilitas expressit nomina rerum* begründet wird. Kein Wunder, daß die Menschen beim Turmbau von Babylon besondere Schwierigkeiten hatten, sich zu verständigen, war hierbei doch eine Menge von Dingen zu bewältigen, für die es noch keinen Namen gab und die daher jeder zunächst auf seine Weise bezeichnen mußte.[78] Sogar für die Überlieferung der babylonischen Sprachenverwirrung wird also eine natürliche Erklärung vorgeschlagen.

Gegen die enge Interpretation des Genesistextes, daß der Mensch gleich nach seiner Erschaffung zum Gespräch mit Gott, ebenso Eva zum Dialog mit der Schlange befähigt war, hält Richard Simon sich zugute, daß seine natürliche Erklärung des Sprachursprungs überhaupt nicht der Schöpfungsgeschichte widerspricht: „... ich habe die Entstehung der Sprache auf eine ganz natürliche Weise erklärt und gleichzeitig habe ich diese Erklärung mit der Schöpfungsgeschichte in Übereinstimmung gebracht. Wenn Adam und Eva mit einer fertigen Sprache auf die Welt gekommen wären, die sie an ihre Nachfahren weitergaben, dann wäre daraus ja die absurde Folgerung zu ziehen, daß die Schlange das gleiche getan haben müßte ...".[79]

Wie für die Bibelkritik war die Erklärung des Sprachursprungs auch für die Naturrechtslehre von Interesse, wobei hier die gesellschaftstheoretischen Folgerungen noch deutlicher werden. Schon einige Jahre vor Richard Simons

„Histoire critique du Vieux Testament" beschäftigte sich Pufendorf mit diesem Problem in seinem grundlegenden Werk „De jure naturae et gentium" (1672).[80] Die Bedeutung der Kommunikation für die Erkenntnis und Verwirklichung des Naturrechts veranlaßt Pufendorf, Verpflichtungen des Menschen bei der Verwendung der Sprache zu behandeln. Ausgehend von einer Theorie der Zeichen, ihrer Aufteilung in natürliche und institutionelle, wobei zu beiden Gruppen auch Gesten und der Signalwert bestimmter Dinge gehören, kommt Pufendorf zur Charakterisierung der Sprache als dem hauptsächlichen Kommunikationsinstrument der menschlichen Gesellschaft. Wichtige Ansätze zur Wesensbestimmung der Sprache sind dabei Gedanken über ihren Ursprung und über den institutionellen Charakter der sprachlichen Zeichen, der in Pufendorfs Ausführungen den sozialen Charakter der in der Sprache konstituierten und kommunizierten Inhalte unterstreicht.

Auch Pufendorfs Erwägungen über den Sprachursprung richten sich auf die Problematik einer Auffassung der Sprache als von den Menschen selbst geschaffener gesellschaftlicher Institution oder aber als einer übernatürlichen Eingebung. Ausführlich wird Lukrez' Schilderung der Sprachentstehung aus den Bedürfnissen der gesellschaftlich lebenden Menschen zitiert. Lukrez' Feststellung bleibt nicht unerwähnt, daß es ganz natürlich sei, wenn die Menschen Wörter zur Bezeichnung ihrer Ideen über die Dinge erfanden, da doch sogar die Tiere, ohne über die Artikulationsorgane des Menschen zu verfügen, die Fähigkeit haben, ihre Empfindungen durch Schreie auszudrücken.

Pufendorf weist sogar darauf hin, daß Lukrez sich offenbar gegen Platos transzendentale Erklärung der Sprache wandte. Und er stellt ausdrücklich fest, die von Lukrez vorgetragene Sprachursprungsthese setze voraus, daß die ersten Menschen aus der Erde hervorgingen, sich nur wenig von den anderen Tieren unterschieden und noch ohne Sprache waren.[81]

Nur recht knapp wird dann die Autorität der Heiligen Schrift erwähnt. Auf sie gestützt „glauben die meisten Christen", die ersten Menschen hätten eine Sprache unmittelbar von Gott selbst erhalten. Doch wird dieser Hinweis gleich anschließend ebenso relativiert wie die Überlieferung der babylonischen Sprachenverwirrung; denn Pufendorf nimmt als gewiß an, daß die meisten Sprachen anfangs sehr einfach waren, sich dann nur allmählich bereicherten und vervollkommneten und im übrigen so grundlegende Veränderungen durchmachten, daß ihr Verfall oder ihre Vermischung ganz neue Sprachen hervorbrachte.[82]

Die Tendenz zu einer säkularisierten Interpretation des Sprachursprungproblems konnte nicht unwidersprochen bleiben. Das Bemühen um eine „Resakralisierung"[83] zeigt 1703 die „Abhandlung über die Sprachen" von Frain du Tremblay, einem Mitarbeiter des klerikalen „Journal de Trévoux".

Von ihm stammt die später mehrfach aufgegriffene Formulierung, wie es denn möglich sein sollte, daß man Sprache erfindet, ohne sprechen zu können, da man doch keine Brillen herstelle, ohne sehen zu können. Die Sprache müsse also ein göttliches Geschenk sein.

Kann es überraschen, daß trotz des ausführlichen Eingehens auf die Sprache im „Essay concerning human understanding" der Sprachursprung *als Problem* außerhalb von Lockes Gesichtskreis liegt? Lockes Hypothese einer von Beginn an vorhandenen Reflexion ließ sich in Übereinstimmung mit der biblischen Ursprungsthese von Sprache und Gesellschaft bringen. Die ausdrückliche Bezugnahme auf die Genesis stellt Locke in seinem „Essay" sogar ganz an den Anfang seiner Kapitel über „Die Wörter": „Da Gott den Menschen dafür bestimmt hat, ein gesellschaftliches Wesen zu sein, hat er ihm nicht nur den Wunsch eingegeben und ihn in die Notwendigkeit versetzt, mit seinesgleichen zusammenzuleben, sondern ihm auch die Sprachfähigkeit verliehen, damit sie das große Instrument und das gemeinsame Band dieser Gesellschaft sei".[84] Locke umreißt hier also – um dann nicht weiter darauf einzugehen – die Komplexität der Implikationen, die jede Hypothese über den Sprachursprung haben konnte, denn sie betreffen schon in dieser kurzen Textstelle die Religion, die Sicht des Menschen und der Gesellschaft. Die für Locke offenbar selbstverständliche Annahme einer übernatürlichen Herkunft der Sprache ist wohl vor allem als Übereinstimmung mit seinem Postulat einer apriorisch gegebenen Denkfähigkeit zu sehen, weniger als Erwiderung auf Autoren wie Pufendorf oder Richard Simon.

Wir wiesen oben schon auf das gesellschaftstheoretische Dilemma der Sprachursprungsproblematik hin, das aus der Erkenntnis der wechselseitigen Bedingtheit von Sprache und Gesellschaft hervorging und dazu führte, die Existenz der menschlichen Gesellschaft und der intellektuellen Fähigkeiten des Menschen vor der „Erfindung" der Sprache anzusetzen, oder aber – wie sogar bei Locke – gesellschaftliche Lebensform, Denken und Sprachfähigkeit auf einen gemeinsamen übernatürlichen Schöpfungsakt zurückzuführen.

Condillacs sensualistische Erklärung des Ursprungs und der wechselseitigen Entwicklung von Sprache und Denken im Rahmen seiner Theorie der *sensation transformée* bezieht nun auch die Gesellschaft in diese genetische Betrachtung ein und stellt sie damit in eine neue entwicklungsgeschichtliche Dimension. Denn in Condillacs Hypothese sind Ursprung und Entwicklung von Sprache und Denken unmitttelbar mit der Entstehung und Entwicklung der Gesellschaft verbunden. Zunächst bedingen sich wechselseitig rudimentäre Formen der Gesellschaft und elementare intellektuelle Fähigkeiten und Kommunikationsmittel. Das gesellschaftliche Leben erfordert und ermöglicht dann die beständige Weiterentwicklung der intellektuellen und kommunikativen Fähigkeiten. Die Bedürfnisse der Menschen in ihrer Auseinandersetzung mit der Umwelt bewirken als allgemeine Triebkraft den historischen Dynamismus der Gesellschaft, der intellektuellen Fähigkeiten des Menschen und seiner Sprache. Gesellschaft, voll ausgebildete menschliche Denkfähigkeit und Sprache sind also Ergebnisse der Geschichte, und die Gemeinschaft der Menschen ist ihr Schöpfer in einem kontinuierlichen Prozeß geschichtlicher Erfahrung.[85]

So ermöglicht die von der menschlichen Lautsprache erreichte Stufe kognitiver und kommunikativer Funktion die geschichtliche Entwicklungsdimension der Menschheit. Denn dank ihrer Sprache kann die Menschheit im Unterschied zu den Tieren eine geschichtliche Dimension errichten und in sie eintreten. Bei den Tieren setzt der Lernprozeß von Generation zu Generation immer wieder auf der gleichen Stufe ein und läßt so keine Entwicklung zu, die über den Stand des Individuums der Gattung hinausgeht.[86] Die Gattung Mensch dagegen kann in ihrer Sprache von Generation zu Generation ein Wissen als gesellschaftliche Erfahrung akkumulieren und weitergeben, das den Fortschritt der menschlichen Gesellschaft ermöglicht. Die anthropologische Betrachtung der Sprache als Instrument der Entfaltung geistiger Fähigkeiten des Individuums der Gattung Mensch erweitert sich zur Einordnung der Sprache als Voraussetzung für die geschichtliche Entwicklung der Gesellschaft. Wie die Sprache und das Denken wird die Geschichte der menschlichen Gesellschaft als das Werk des Menschen selbst verstanden.

Schließlich führt Condillac diese sprachtheoretisch unterbaute Schilderung des Übergangs vom Natur- zum Kulturzustand bis zu Erwägungen über die Entstehung und Entwicklung der Künste: Neue soziale Bedürfnisse lassen neue Kommunikations- und Erkenntnisbedürfnisse entstehen, deren Verwirklichung ihrerseits die Entwicklung zu einem immer komplexeren sozialen Leben ermöglicht. Daraus gehen wiederum erweiterte Kommunikationsbedürfnisse und -mittel hervor, mit Einschluß ästhetischer Komponenten, die sich vor allem in den verschiedenen auf die Funktion des Zeichens begründeten Künsten manifestieren, von der bildenden Kunst bis zur Literatur. In seine Untersuchung über den „Ursprung der menschlichen Erkenntnisse" bezieht Condillac daher, unter einem geschichtlichen Blickpunkt, die Semiotik dieser Künste ein.[87]

Am Anfang der Menschheit stand nach dieser sensualistischen Theorie also ein Wesen, das überhaupt erst Gesellschaft, Sprache und Denken zu entwickeln begann und sich dann nur in der Gesellschaft und im Prozeß der ständigen Weiterentwicklung von Sprache und Denken entfalten konnte.

In Deutschland machte Condillacs bedeutend jüngerer Zeitgenosse Johann Christoph Adelung die sensualistische Sprachursprungsthese zur theoretischen Grundlage einer umfangreichen und vielseitigen Tätigkeit als Linguist.[88] So wie vorher Condillac leitet daher auch Adelung aus der sensualistisch begründeten Auffassung des Verhältnisses von Sprache und Gesellschaft gleichzeitig wichtige gesellschaftstheoretische und sprachtheoretische Folgerungen ab: „Die Gesellschaft ist der einzige Schauplatz, auf welchem der Mensch alle in ihm liegenden Möglichkeiten zur Wirklichkeit bringen kann; selbst sein Vermögen deutliche Begriffe zu haben, kann sich nur in ihr entwickeln, weil es sich nicht anders als mit der Sprache zugleich entwickeln und ausbilden kann, diese aber bloß ein Bedürfniß des gesellschaftlichen Lebens ist.“[89]

Zur Thematik „Sprachtheorie und Gesellschaftsauffassung“ gehört auch die Diskussion des 18. Jahrhunderts über den *politischen Wortmißbrauch*[90], da es sich um einen nicht unwesentlichen Teil der damaligen Bemühungen um Erkenntnis des Wesens der menschlichen Gesellschaft handelt.

In diesem Zusammenhang war auch der politische Sprachmißbrauch bereits ein Thema des 17. Jahrhunderts. Vorläufer der Aufklärung wie Bacon, Hobbes, Pufendorf, Spinoza sehen die Gefahr politischer Irreführung durch Wörter. Bacons Beschreibung der *idola fori*[91] und Hobbes' Hinweise auf die Mehrdeutigkeit solcher Termini wie *Demokratie, Anarchie, Aristokratie, Oligarchie, Tyrann* betonen dabei statt vorsätzlicher Täuschung mehr eine ungenügende Bewußtheit der Sprecher über die von ihnen gebrauchten Wörter.[92] In vorsätzlich irreführender Verwendung der Sprache und von Zeichen überhaupt sieht dann Pufendorf sogar den Verstoß gegen ein grundlegendes Naturrecht des Menschen.[93] Außer ungenauen Wortbedeutungen, die ungenaues Denken fixieren, kritisiert Spinoza auch den Einsatz der Sprache, der geistlichen und politischen Herrschaftszwecken statt dem Ausdruck der Wahrheit dient.[94]

Ähnlich unterstreicht dann Locke, daß die Sprache zu einem Instrument der Aufhebung des Völkerrechts werden kann.[95] Ein gleichartiger Vorwurf Lockes trifft die Anhänger der eingeborenen Ideen: eine Maxime, mit deren Hilfe man andere beeinflussen und beherrschen will, kann zur eingeborenen Idee erklärt werden, um jeden Zweifel an ihrer Berechtigung auszuschließen.[96]

Wir haben schon auf Lockes ausführliche Behandlung des Mißbrauchs der Wörter hingewiesen. Nicht zuletzt war der Wortmißbrauch eine Ursache für Lockes Frage, ob die Erkenntnis der Wahrheit durch die Sprachverwendung mehr gehindert als gefördert wird. Lockes Thematisierung des Wortmißbrauchs hat zur weiteren Politisierung dieser Problematik in der französischen Aufklärung beigetragen.

Doch ging nicht in jedem Fall ein Anstoß von Locke aus, wenn die Verwendung der Sprache als Instrument der Irreführung kritisiert wurde. Das dürfte z. B. für die Bemerkungen über die Sprache gelten, die Jean Meslier in seine atheistische Religions- und Gesellschaftskritik einbaut, um den *Mißbrauch* der Religion für weltliche Herrschaftszwecke zu unterstreichen:

Wörter wie *dieu, diable, religion* dienen der Schaffung falscher Überzeugungen des Volkes, mit denen Unrecht und Tyrannei legitimiert und bemäntelt werden. Für die gleichen Zwecke verleihen die Herrschenden solchen Wörtern wie *seigneur, prince, roi, monarque* ein Prestige, das der Unterdrückung dient.[97]

Ohne Zweifel sind dann Lockes Ausführungen über den Wortmißbrauch nicht unbeteiligt daran, daß Jean-Baptiste Du Bos in seiner Interpretation der französischen Geschichte immer wieder auf die Problematik eingeht, vor die sich der Historiker durch unklaren und *mißbräuchlichen* Wortgebrauch seiner Quellentexte gestellt sieht. Du Bos' vierbändige „Kritische Geschichte der Errichtung des französischen Königtums in Gallien" (1734), deren Geschichtsdarstellung in aktuelle politische Auseinandersetzungen des 18. Jahrhunderts eingriff, kommt daher immer wieder auf terminologische Probleme der lateinischen und französischen Quellentexte zurück. Können schon Wörter wie *civitas* und *urbs* im Lateinischen mehrdeutig sein und *abusivement* verwendet werden, so gilt das auch für ihre französischen Übersetzungen *ville* oder *cité*. Eine weitere Quelle des Mißverständnisses und der Irreführung sind Bezeichnungen der verschiedenen Schichten in der gesellschaftlichen Hierarchie.[98]

Dieser terminologische Bereich ist dann auch ein Ansatzpunkt für Montesquieu bei seiner Zurückweisung der von Du Bos vorgetragenen Geschichtsdarstellung. Du Bos wird vorgeworfen, mit den Bedeutungen, die er den Bezeichnungen sozialer Schichten beilegte, habe er die betreffenden Wörter im Interesse seiner Sicht der französischen Geschichte verfälscht. Auch in anderen historischen Zusammenhängen geht Montesquieu auf den *abus des mots* ein, so bei seiner Problematisierung des Begriffs der Majestätsbeleidigung.[99] Kein Wort hat nach Montesquieu „mehr unterschiedliche Bedeutungen erhalten und die Geister in so unterschiedlicher Weise beeindruckt" wie das Wort *liberté*. „Die verschiedenen Bedeutungen, die man dem Wort *liberté* gegeben hat" sind daher in Montesquieus grundlegendem Werk „Der Geist der Gesetze" (1748) Gegenstand eines eigenen Kapitels.[100]

In den gleichen Jahren bereichert ein damals viel beachtetes Werk die Diskussion über den Sprachmißbrauch um einen historischen Aspekt, der ebenfalls nicht ohne kritischen Bezug für die Gegenwart sein konnte: 1744 erschien unter dem Titel „Essai sur les Hiéroglyphes des Egyptiens" die Übersetzung eines Werkes von Warburton, der die ägyptischen Hieroglyphen auf einer späteren Stufe ihrer Verwendung als Herrschaftsmittel der ägyptischen Priesterkaste interpretierte.[101]

In Verbindung mit der von uns bereits besprochenen erkenntnistheoretischen Problematik der Wortverwendung und ihres Verhältnisses zu den „Dingen" beschäftigt sich Diderots „Encyclopédie" auch speziell mit dem *politischen* Sprachmißbrauch. Mehrmals kritisiert Diderot z. B. mißbräuchliche Wortbedeutungen, die Interessen sozialer Gruppen ausdrücken. Im Artikel *bassesse* der „Encyclopédie“ wirft er einem damals sehr bekannten Synonymenwörterbuch vor, soziale Vorurteile zu propagieren, da dort unter dem Stichwort *bassesse* moralische Verwerflichkeit als eine natürliche Eigenschaft niederer sozialer Herkunft hingestellt wird.[102] Auch die negative Konnotation des Wortes *peuple* ist für Diderot ein Ausdruck der Deformierung des Denkens und der Sprache durch die politisch-soziale Unterdrückung. Ein weiteres Indiz für den Sittenverfall ist die Gleichsetzung von *homme poli* und *honnête homme,* in der Diderot eine *Profanierung* des Wortes *honnête* und der moralischen Werte sieht, die es eigentlich ausdrücken müßte.[103] Die Scheu vor dem Aussprechen der Wahrheit hat schließlich bei einem unterdrückten Volk eine allgemeine Erniedrigung der Sprechweise zur Folge: „Chez un peuple esclave, tout se dégrade. Il faut s'avilir par le ton et par le geste“.[104]

Ähnlich ist für Helvétius das wichtigste Mittel gegen verschwommene und mißbräuchliche Wortbedeutungen die wahre Freiheit eines Volkes, die auch seine Sprache vom Mißbrauch zugunsten der Unterdrücker befreit.[105] In seinen Büchern „Vom Geist“ und „Vom Menschen“ stellt Helvétius die Problematik des Sprachmißbrauchs in den Rahmen einer gesellschaftstheoretischen Umsetzung des Sensualismus. Am Beispiel des Wortes *liberté* illustriert er seine Feststellung. „daß die falsche Philosophie der vergangenen Jahrhunderte unsere Unkenntnis der wahren Wortbedeutungen verschuldet hat. Diese Philosophie bestand fast nur in der Kunst des Wortmißbrauchs“.[106] So wie in der Algebra ein fehlerhafter Kalkül neu aufgenommen und verifiziert werden muß, sind viele Wortbedeutungen von Grund auf zu überprüfen, ein schwieriges Unterfangen, und noch dazu ein gefährliches, wenn es gegen die Interessen der Mächtigen verstößt.[107]

Mably, Bruder Condillacs, formuliert ebenfalls Gesellschaftskritik als Sprachkritik, wenn er einer Apologie des Grundbesitzes entgegenhält, daß der Buchtitel „Ordre naturel et essentiel des sociétés politiques“ Ideenkonfusion und damit Wortmißbrauch darstellt. Denn als Versuch einer Legitimierung des Grundbesitzes drücke das Wort *ordre* gerade das Gegenteil der tatsächlichen Eigenschaften des Grundbesitzes aus.[108] Im Artikel „Abus des mots“ seiner „Questions sur l'Encyclopédie“ (1770) betont Voltaire die mißbräuchliche Mehrdeutigkeit der Bezeichnungen zentraler Begriffe der politischen Diskussion, auf die schon Montesquieu hingewiesen hatte, wie das Wort *liberté* oder Termini, mit deren Hilfe die Anklage der Beleidigung weltlicher oder göttlicher Majestäten erhoben wurde.

Es kann nicht überraschen, daß die von der Berliner Akademie für 1759 ausgeschriebene Preisfrage nach dem wechselseitigen Einfluß von Sprache und Denken und nach der Möglichkeit, in dieser Hinsicht Mängel der Sprache zu beheben, auch Stellungnahmen gegen den Wortmißbrauch hervorrief. Als dann 1780 die gleiche Akademie auf Vorschlag von d'Alembert als Preisfrage die explosive Thematik stellte, ob es von Nutzen sein könne, das Volk zu täuschen, rief diese Frage unter anderem die Antwort hervor, daß zunächst einmal definiert werden müsse, was unter *peuple* zu verstehen sei, sowie eine Abhandlung, deren Hauptgegenstand die Kritik des Sprachmißbrauchs zur Täuschung des Volkes war.[109]

Die nachdrücklichste Stellungnahme zur sozialen und politischen Problematik des Wortmißbrauchs liefert Rousseau im Rahmen seiner gesellschaftskritischen Radikalisierung des Sensualismus. Schon Rousseaus Abhandlung „Über den Ursprung der Ungleichheit unter den Menschen" (1755) bringt eine Kritik der politischen Terminologie in Verbindung mit Betrachtungen über den Ursprung und die gesellschaftliche Funktion der Sprache: Die Wörter waren ein Instrument der Herstellung der Ungleicheit zwischen den Menschen und sie fahren fort ein Instrument ihrer Aufrechterhaltung zu sein. Nach der Herstellung der Ungleichheit erfolgt die gesellschaftliche Kommunikation als Dialog zwischen Reichen und Armen, Mächtigen und Unterdrückten. Dabei werden die Wörter zum Instrument der „Überzeugung", mit dessen Hilfe die Zustimmung des Volkes zu den im Interesse der Herrschenden gesetzten gesellschaftlichen Normen erreicht werden soll. Die Bezeichnungen für Gerechtigkeit und Gehorsam sind in Wirklichkeit Instrumente der Gewalt und Waffen des Unrechts.[110] Auch Wörter wie *bien public*, *patrie* und *citoyen* dienen der Verschleierung sozialer Ungleichheit und sind in dieser Eigenschaft Indiz einer korrupten Gesellschaftsform. Immerhin ist die Sprache zunächst noch Medium des Dialogs zwischen Mächtigen und Schwachen. Erst auf der Stufe der Despotie erfolgt eine so weitgehende Entmündigung des Volkes, daß es schließlich nur noch Empfänger von Direktiven ist oder sogar schließlich die Sprache als Überzeugungsmittel durch Gewaltanwendung ersetzt wird.

Parallel zu dieser gesellschaftlichen Entwicklung, die sich immer mehr von der ursprünglichen Gleichheit der Menschen entfernt, verläuft der Verfall der menschlichen Persönlichkeit und des natürlichen Charakters der Sprache, die ursprünglich unmittelbarer Ausdruck der Empfindungen und Ideen war. Als Instrument der Herrschaft und der Täuschung wird die Sprache zum Medium des *paraître*, des Anscheins, den sich die Menschen geben, um über ihr wirkliches Verhalten und Denken hinwegzutäuschen. Die Wörter dienen dazu, eine Welt des Scheins aufzubauen, mit deren Hilfe die entwürdigenden Folgen der sozialen Ungleichheit für die menschliche Persönlichkeit beschönigt werden: „Jeder Stand, jeder Beruf hat seinen besonderen Wortschatz, um seine Laster mit dezenten Bezeichnungen zu versehen . . ."[111]

Der von Rousseau zur Charakterisierung der modernen Gesellschaftsformen verwendete Gegensatz *être/paraître* findet somit eine Entsprechung in der Polarität *action/parole,* eine neue, gesellschaftskritische Variante des traditionellen Gegensatzes von Wörtern und Dingen. „... die Ehrbarkeit existiert nur noch in den Wörtern ... und je verdorbener die Seelen sind, um so mehr Sorgfalt verwendet man auf die Wahl und die Reinheit der Wörter." (ebenda) In der Gewährleistung des politischen Rechts aller sieht Rousseau eine Voraussetzung für die Aufhebung des Gegensatzes *être/paraître* und damit für einen unverfälschten Sprachgebrauch, wie ihn ähnlich Diderot und Helvétius auf der Grundlage der politischen Freiheit gefordert hatten.

Schon 1756, ein Jahr nach dem französischen Original, erschien die deutsche Übersetzung von Rousseaus „Abhandlung über die Entstehung der Ungleichheit unter den Menschen". Moses Mendelssohn besorgte diese Übersetzung auf Anregung von Lessing, mit dem er sich *sehr oft* über die *schwierige Materie* des Sprachursprungs unterhalten hatte.[112] Ohne sich Rousseaus politischer Radikalisierung anzuschließen, teilt Mendelssohn vollauf die natürliche Erklärung der Sprache als Schöpfung des Menschen. Für die ersten Schritte zur Schaffung der Sprache brauchte der Mensch nicht einmal eine ausgebildete Vernunft, sondern *nichts als eine Einbildungskraft und ein Vermögen, sich vollkommener zu machen.*[113]

Die Gegner der sensualistischen Ursprungsthese blieben jedoch nicht müßig. So Formey, der sich als ständiger Sekretär der Berliner Akademie der Wissenschaften um das Erbe des deutschen Rationalismus Wolffscher Prägung bemühte. Er reagierte auf die sensualistische Sprachursprungsthese zunächst mit einem Vortrag, veröffentlichte diesen Text dann 1763, bezeichnenderweise als Anhang zu seiner Gegenschrift gegen Rousseaus gerade erschienenen „Emile", der die sensualistische Erziehungsthese in Romanform gekleidet hatte. Diese von Formey gewählte Veröffentlichungsweise verdeutlicht wiederum die sprachtheoretische Vorarbeit Condillacs für Rousseaus Gesellschaftstheorie. Formey will die These vom göttlichen Sprachursprung bekräftigen, die vor ihm an der Berliner Akademie bereits Johann Peter Süssmilch verteidigt hatte, und weist auf die Gefahr hin, daß die sensualistische Ursprungserklärung dem Materialismus den Weg bahne. Er scheut sich nicht, Condillac namentlich zu nennen, wie überhaupt schon der Titel seiner Gegenschrift auf Condillacs „Essai" anspielt: „Hauptsächliche Mittel zur Entdeckung des *Ursprungs der Sprache, der Ideen und der Erkenntnisse*".[114] 1766 veröffentlicht Süssmilch schließlich eine erneute Verteidigung des göttlichen Sprachursprungs, mit einem Anhang, der jetzt auch auf Rousseau eingeht. Er findet einen Bundesgenossen im Autor einer Schrift mit dem bezeichnenden Titel „Allerhand Muthmaßungen über den ältesten Zustand der Menschen" (1766)[115], die sich gegen Mendelssohns im prinzipiellen von Rousseau übernommene These der natürlichen Sprachentstehung wendet.

Auch in Frankreich fordert die These vom menschlichen Sprachursprung jetzt neuen Widerspruch heraus. Es zeigt wiederum, daß in Diderots „Encyclopédie“ durchaus nicht immer eine weltanschaulich monolithische Position vertreten wird, wenn sogar innerhalb eines Bandes mit nur wenigen Seiten Abstand in den Artikeln *langage* und *langue* zwei Autoren zu Wort kommen, von denen der eine den natürlichen Sprachursprung, der andere die göttliche Schöpfung von Sprache und Gesellschaft vertritt. Beide erscheinen in dem 1765 veröffentlichten 9. Band der „Encyclopédie“. Der Artikel *langage* stammt vom Chevalier de Jaucourt, der sich auf Condillac beruft. Autor des Artikels *langue* ist dagegen Nicolas Beauzée, der bald darauf in seiner „Grammaire générale“ (1767) wiederum als einzige Erklärungsmöglichkeit die übernatürliche Schöpfung der Sprache ansieht.[116]

In Frankreich wie in Deutschland war also in einer weltanschaulich betonten Debatte mit gesellschaftstheoretischen Akzenten die sensualistische Sprachursprungsthese auf Ablehnung gestoßen, als dann 1769 die Berliner akademische Preisfrage gestellt wurde: „Haben die Menschen, ihrer Naturfähigkeit überlassen, sich Sprache erfinden können? und auf welchem Wege wären sie am füglichsten dazu gelangt.“[117] Herders preisgekrönte Antwortschrift, auf deren Ansätze eines naturgeschichtlichen Entwicklungsdenkens wir schon hingewiesen haben, erweitert die anthropologische Betrachtungsweise gleichfalls zur Einbeziehung gesellschaftstheoretischer Gesichtspunkte, wenngleich nicht mit der Radikalität eines Rousseau. Schon in seinen „Fragmenten über die neuere deutsche Literatur“ (1766/68) und in den „Kritischen Wäldern“ (1769) betrachtete Herder die Sprache als das große *Behältnis*, in das viele Generationen der Menschheit ihre Gedanken eingehen ließen. Ebenfalls schon vor der Abfassung seiner Preisschrift hatte Herder sich gegen die von Süssmilch erneuerte göttliche Ursprungsthese gewandt. Er warf Süssmilch vor, daß ihm der *Geist der Geschichte* fehle und damit das Verständnis dafür, daß die Sprache nur als ein historisches Entwicklungsprodukt im Verlauf der Menschheitsgeschichte erklärbar sei.[118]

Herder hätte sein eigenes Interesse für die Sprache nicht zutreffender charakterisieren können als mit den Worten, in denen 1784 seine Vorrede zu „Des Lord Monboddo Werk von dem Ursprunge und Fortgange der Sprache“ dessen Gegenstand umreißt: „Der Ursprung und Fortgang der Sprache, wie er ihn betrachtet, ist keine Spekulation über Grammatik, sondern eine Philosophie über den Menschen, und über die dunkeln Gründe, wie er das, was er jetzt ist, worden“.[119] Monboddo geht es wie Herder um die Erkenntnis dessen, was im Werden des Menschen *the work of god* und was *the work of man* ist. Und wie Herder verlegt Monboddo die Sprachentstehung in eine so frühe Epoche zurück, daß Sprache, Gesellschaft und Menschheit als das Werk des Menschen selbst erscheinen. Auch Herder sieht die Grundlage von Sprache und Denken in der körperlichen Natur des Menschen, der auf diese Weise in den allgemeinen Zusammenhang der Natur einbezogen ist. Gleichzeitig aber tritt er daraus hervor durch die Perfektibilität und die geschichtliche Erfahrung des gesellschaftlichen Wesens Mensch, die aus dem Zusammenwirken von Sprache und Denken allmählich die höchsten Formen geistiger Fähigkeit und Tätigkeit entwickelt: „So kam der Mensch auf den Weg aller Künste durch Sprache. Durch sie und durch sie allein ward Wahrnehmung, Anerkennung, Zurückerinnerung, Besitznehmung, eine Kette der Gedanken möglich und so wurden mit der Zeit die Wissenschaften und die Künste geboren.“[120]

Herders eng an den Sensualismus der Aufklärung angelehnte Sprachauffassung als Bestandteil seines geschichtlichen Menschenbildes war somit nicht unbeteiligt, als er auf die selbstgestellte Frage *Was ist durch Menschen bildbar?* antwortete: *„Alles. Die Natur, die menschliche Gesellschaft, die Menschheit.“*[121]

Trotz Herders gemäßigter Position fällt daher sein geschichtliches Menschen- und Gesellschaftsbild mit unter das Urteil, das dann in der konterrevolutionären Sicht der Restauration die sensualistische Theorie verklagte, mit der Leugnung des göttlichen Sprachursprungs auch den übernatürlichen Ursprung der menschlichen Gesellschaft – und das heißt die Unantastbarkeit des bestehenden Gesellschaftszustandes als gottgewollte Ordnung – geleugnet zu haben.

Abschließende Bemerkungen

In den Jahren zwischen der französischen Revolution und der Restauration brachte die Bewegung der „Ideologen“ nochmals einen Höhepunkt des Sensualismus.[122] Aus dem Kreise der Ideologen stammte die eingangs von mir zitierte Preisfrage der Pariser Akademie nach der Rolle der Sprache und der Zeichen für die Wissenschaften.

Es handelte sich um eine bedeutende Gruppe von Natur- und Gesellschaftswissenschaftlern, die sich in den Jahren unmittelbar nach der Revolution darum bemühten, aus dem Sensualismus der Aufklärung eine Wissenschaftstheorie als eine Art Staatsdoktrin für die französische Republik abzuleiten. Der von ihnen geprägte Terminus *Ideologie* sollte anstelle von *Psychologie* die *Wissenschaft von den Ideen* bezeichnen, deren zentraler Gegenstand die Analyse der Ideen als Analyse der Zeichen ist, in denen sie faßbar sind. Zu den Ideologen gehörten Laplace, Lamarck, Cabanis, Volney. Vertreter der Ideologen hatten maßgebliche Positionen an der damaligen Akademie der Wissenschaften inne, und sie bemühten sich um einen hohen Stellenwert der Sprach- und Zeichentheorie im Unterrichtswesen der Republik.

Die Herrschaft Napoleons und erst recht die Restauration setzten dem Wirken der Ideologen, als einer republikanischen und materialismusverdächtigen Bewegung, ein Ende und sorgten auch für eine negative Bedeutungsentwicklung des Wortes *Ideologie*. Hippolyte Taine hat einige Jahrzehnte später in seiner Philosophiegeschichte des 19. Jahrhunderts ein Gespräch um 1820 vor der Pariser Universität geschildert, um die Anfeindungen zu charakterisieren, denen Condillacs Philosophie während der restaurativen Reaktion auf die französische Revolution und die an ihr als mitschuldig befundene Aufklärung ausgesetzt war:

„Sind Sie immer noch Sensualist, Immoralist und Atheist?
– Wieso denn?
Ja, Sie bestreiten doch, daß die Vernunft eine eigenständige Fähigkeit ist. Sie bestreiten die Existenz der eingeborenen Ideen. Sie behaupten, daß eine vollkommene Wissenschaft nichts weiter sei als eine vollkommene Sprache. Sie setzen Condillac fort, als können Sie weder an die Wahrheit, noch an die Gerechtigkeit, noch an Gott glauben.
– Großer Gott!
... Sie sind im Grunde genommen ein Mann des 18. Jahrhunderts. Ihre Philosophie zerstört die Würde des Menschen. Sie sind entweder Materialist oder Skeptizist ..." [122a]

Für die geistigen Häupter der Restauration, zu deren konterrevolutionärem Programm die Verklagung der Aufklärung in ihren sprachtheoretischen ebenso wie in ihren anderen weltanschaulichen Äußerungen gehörte, war Condillac tatsächlich der *schuldigste aller modernen Verschwörer*.[123] Seiner Sprachursprungsthese wird vorgeworfen, Sprache und Gesellschaft als ein Werk der Menschen selbst erklärt und damit die revolutionäre Umwälzung vorbereitet zu haben, so wie die Zurückführung des Denkens auf die *sensation* das geistige Wesen des Menschen *materialisierte* und erniedrigte.

Damit wird aus der Sicht der Restauration unterstrichen, was unsere Ausführungen zu den drei behandelten Problemkreisen verdeutlicht haben. Ein so wichtiges Anliegen der Aufklärung wie die Erarbeitung einer „Sicht auf den Menschen als natürliches, in den allgemeinen Zusammenhang der Natur eingegliedertes Wesen" [124] und damit zusammenhängende Folgerungen für Probleme der Erkenntnis und für die Gesellschaftsauffassung wurden zu einem nicht unwesentlichen Teil in sprachtheoretischen Formulierungen vorgetragen, mochte es sich um den Sprachursprung, das Verhältnis von Sprache und Denken, von „Wörtern" und „Dingen" oder um den „Mißbrauch" der Wörter handeln. Diese linguistisch unterbaute Sicht des Menschen stützte also das neue, geschichtliche Weltbild der Aufklärung und verknüpfte sich mit dessen gesellschaftstheoretischen Folgerungen. Weitgehend vollzog sich diese Entwicklung als Umgestaltung linguistischer Fragestellungen, die im 17. Jahrhundert vom Standpunkt einer rationalistischen Anthropologie aus aufgeworfen wurden.

Die sprachtheoretisch unterbaute Ablehnung des mit allen intellektuellen und kommunikativen Fähigkeiten ausgestatteten Individuums als Ausgangspunkt der Geschichte stützte und erweiterte eine neue Auffassung der Rolle des Menschen in der Entwicklung der Gesellschaft sowie der Rolle der Gesellschaft für die Ausbildung der Persönlichkeit. Die sprachtheoretische Argumentation hatte ihren Platz in der Gestaltung eines Weltbildes, das die menschliche Gesellschaft und damit den bestehenden Gesellschaftszustand nicht mehr als Ausdruck einer übernatürlichen Ordnung anerkannte. Die Erkenntnis, daß der Mensch durch die Umstände gebildet wird, leitete über zu der Folgerung, daß also die Umstände menschlich gebildet werden müssen, wie Karl Marx rückblickend die sensualistischen Grundlagen der fortgeschrittensten Gesellschaftstheorien des 18. Jahrhunderts charakterisierte.[125]

Die neuen sprachtheoretischen Positionen sind also als ein Teil des Aufklärungsdenkens zu verstehen, das zu neuen wissenschafts- und gesellschaftstheoretischen Standpunkten vorstieß, Natur, Mensch und Gesellschaft in eine geschichtliche Entwicklungsdimension stellte und den Anspruch einer auf übernatürlichem Wege vorgegebenen Ordnung durch ein säkularisiertes Bild der Welt und des Menschen ablöste. Die Ablehnung apriorischer eingeborener Ideen in der Anthropologie und Sprachtheorie, der Präformationslehre in der Biologie, eines ahistorischen Naturrechts in der Gesellschaftstheorie, all das waren Aspekte der Ablehnung des Glaubens an präetablierte Strukturen einer Welt, die immer mehr zum Gegenstand der wissenschaftlichen Erkenntnis wurde.

In diesem Rahmen wurde eine säkularisierte Theorie der Sprache als Bestandteil einer säkularisierten Auffassung des Menschen und der Gesellschaft entwickelt. Denn die sprachtheoretische Reflexion als Medium eines geschichtlichen Weltbildes führte auch zu neuen Einsichten in Eigenschaften der Sprache selbst. Das erhöhte Interesse für die Geschichte der Sprachwissenschaft hat während der letzten Jahre eine Reihe von Publikationen[126] hervorgebracht, die eindrucksvoll unterstreichen, wie verfehlt die lange vorherrschende Meinung war, daß der Beginn der „eigentlichen Sprachwissenschaft" erst im 19. Jahrhundert liege und die Aufklärung damit bestenfalls zur „Vorgeschichte" der Linguistik gehöre. Mit den drei oben besprochenen Themenkreisen haben wir aus der Sprachdiskussion der Aufklärung nur einen Ausschnitt vorgestellt, der allerdings relativ umfassende Probleme betrifft. Eine Reihe dabei aufgeworfener Fragestellungen sind noch heute aktuell.

Eine der wichtigsten in der Sprachdiskussion der Aufklärung gewonnenen Einsichten betrifft die konstitutive Rolle der Sprache für das Denken und die Einheit ihrer kommunikativen und kognitiven Funktion. Die konstitutive Funktion der Sprache für das Denken gehört zu den Grundannahmen der modernen Evolutionslehre. Es zeigt einmal mehr mangelnde Beachtung der Sprachreflexion des 18. Jahrhunderts, wenn diese Annahme heute sogar von Konrad Lorenz als eine neue These angesehen wird.[127]

Die im 18. Jahrhundert aufgeworfenen Fragen des Verhältnisses von „Wörtern" und „Dingen", von Zeichen, Erkenntnis und speziell wissenschaftlicher Erkenntnis haben heute nichts von ihrer Aktualität verloren. Es sei hier nur auf die Sprachphilosophie Wittgensteins und auf Heisenbergs Problemstellung „Sprache und Wirklichkeit in der modernen Physik" verwiesen.

Auch die Feststellung der modernen Semiotik, *daß die Kommunikation eine für die Erkenntnis konstitutive Funktion hat,* ist keine Neuentdeckung. Sie wurde schon im 18. Jahrhundert aus der gleichzeitig kommunikativen und kognitiven Funktion der Sprache gefolgert und sogar auf die ausdrückliche Formulierung gebracht, daß die Kommunikation der Menschen untereinander die wesentlichste Quelle ihrer Erkenntnisse sei.[128]

Schließlich sei noch ein wichtiges, im spezielleren Sinne sprachtheoretisches Problem genannt, die Arbitrarität des Zeichens, d. h. kurz gesagt das Fehlen einer Kausalitäts- oder Ähnlichkeitsbeziehung zwischen Lautform und Bedeutung. Der arbiträre Zeichencharakter wurde seit der Antike diskutiert. Ferdinand de Saussure machte ihn zu einem Eckpfeiler seiner Sprachtheorie, dessen historische Quellen oft übersehen wurden.

Reflexionen über die Arbitrarität des Sprachzeichens, die zur Aufdeckung neuer Aspekte dieser Problematik führten, erfolgten während des 18. Jahrhunderts auch im Rahmen der drei oben besprochenen Themenkreise: Zum Verhältnis „Wörter"/„Dinge" als Erwägungen über die Natur des sprachlichen Zeichens in ihrer Beziehung zur *Erkenntnistätigkeit;* im Rahmen der Sprachursprungsproblematik als Versuch einer *historischen* Erklärung der Arbitrarität; bei der Verknüpfung sprachtheoretischer und gesellschaftstheoretischer Gesichtspunkte als Einsicht in Aspekte der *sozialen* Natur des Sprachzeichens.

Und auch diese Reflexionen erfolgten wiederum als Auseinandersetzung mit einer Interpretation, die von Grundpositionen des Cartesianismus ausging.

Descartes und die Logik von Port-Royal interpretieren den arbiträren Zeichencharakter als Ausdruck eines substantiellen Unterschieds zwischen Denken und Sprachzeichen, der dem Unterschied zwischen *res cogitans* und *res extensa* entspricht. Die Arbitrarität des Sprachzeichens erhält in der Polemik gegen Hobbes sogar Beweiskraft für die unkörperliche Natur des Denkens und für seine prinzipielle Unabhängigkeit von der Sprache.[129] Würden sonst die einzelnen Sprachen ein und dasselbe Ding mit völlig unterschiedlichen Wörtern benennen? Da zwischen den Ideen und den Zeichen kein notwendiger Zusammenhang besteht, mußte die Wahl der Zeichen willkürlich erfolgen und bedurfte sie lediglich der Übereinkunft einer Sprachgemeinschaft. Aus dem rationalistischen Dualismus konnte im Hinblick auf das Verhältnis von Zeichen und Ideen, damit auch von „Wörtern" und „Dingen" nur eine solche grundsätzliche Diskrepanz gefolgert werden.

Auch Locke sah die Sprachzeichen als völlig willkürlich an; man könne den Ideen jederzeit beliebige Bezeichnungen geben, falls deren Bedeutungen definiert werden, um die Kommunikation zu ermöglichen.[130]

Condillac kommt dagegen im Laufe der Präzisierung seiner Theorie zu der Auffassung, daß die sprachlichen Zeichen besser als *artificiel* statt als *arbitraire* zu charakterisieren seien.[130a] Denn die Sprachzeichen sind in einer langen Entwicklung aus ursprünglich *natürlichen* Zeichen hervorgegangen, als einer ersten Zeichenstufe, über die der Mensch wie die Tiere aufgrund seiner biologischen Konstitution verfügte und teils noch heute verfügt. In dieser Entwicklung ging jeweils eine Stufe aus der anderen hervor, so daß im Prozeß der Höherentwicklung von Sprache und Denken stets an *schon bekannte* Zeichen angeknüpft wurde. Zunächst beim Übergang von natürlichen zu artifiziellen oder institutionellen Zeichen und dann bei der immer weitergehenden Vervollkommnung der Sprache.

Die Entwicklung der Sprache und die Ausbildung neuer Zeichen erfolgen also nach dem Prinzip der *Analogie*, d. h. aufgrund von Beziehungen der Zeichen untereinander. Gleichzeitig ist die Analogie in Gestalt der Bezugnahme auf andere Zeichen, und das heißt ebenfalls auf schon bekannte Regeln ihrer Kombinationen, eine Grundlage des Funktionierens der Sprache in der Kommunikation. Die Hypothese, daß die Menschen einfach „willkürlich" Lautformen und Bedeutungen einander zugewiesen hätten, wird damit als eine Interpretation zurückgewiesen, die von einer ahistorischen Auffassung des Menschen und der Gesellschaft ausgeht und die zutiefst soziale Natur des sprachlichen Zeichens nicht berücksichtigt.[131]

Das eigentliche sprachtheoretische aber auch erkenntnistheoretische Fazit der sensualistischen Erklärung des sprachlichen Zeichens ist die Erkenntnis, daß die Wörter aufgrund ihrer Beziehungen untereinander Träger von Bedeutungen sind, d. h. als Elemente eines Systems von Zeichen. Wenn schon im 18. Jahrhundert die Sprache ein System genannt wird, – Condillac sagt sogar *le système du langage est dans chaque homme qui sait parler*[132] – dürfen wir freilich in den damaligen Terminus nicht das hineininterpretieren, was heute unter Sprachsystem verstanden wird.

Doch hat die sensualistische Sprachtheorie das Problem der Arbitrarität zum Ausgangspunkt der Frage gemacht, aufgrund welcher Eigenschaften die Sprache in Anbetracht des arbiträren Charakters ihrer Zeichen funktionieren kann; damit hat sie dazu beigetragen den Systemcharakter der Sprache als theoretisches Problem in den Gesichtskreis zu rücken.

ANMERKUNGEN

1 Der vorliegende Text resümiert und ergänzt zu den drei obengenannten Themen die im Literaturverzeichnis angeführten Arbeiten des Verfassers über die Geschichte des linguistischen Denkens in der französischen Aufklärung.

2 Preisgekrönt wurde die Arbeit von Johann David Michaelis, die 1760 zunächst in deutscher Sprache erschien und dann ins Französische (1762), Englische (1769) und Holländische (1771) übersetzt wurde. Siehe die Einführung von Helga Manke zu dem von Herbert E. Brekle herausgegebenen Neudruck der französischen Fassung. Zur Sprachdiskussion an der Berliner Akademie vor Herders Preisschrift über den Sprachursprung s. Aarsleff 1974.

3 Mémoires de l'Institut National, S. 1 ff.

4 Vgl. Haßler 1983, Ricken 1984.

5 Euler, Lettres à une Princesse d'Allemagne XI, S. 229 (Lettre 101).

6 Eine neue und eingehende Analyse der einschlägigen Texte Platos und ihrer langen Rezeptionsgeschichte gibt H. Joly.

7 Zitiert bei Brunot, II, S. 43.

8 Zum Aufkommen pejorativer Bezeichnungen des Gelehrten seit dem 16. Jahrhundert vgl. Ricken 1961, S. 263ff.

9 Fontenelle, Œuvres IV, S. 176, X, S. 2.

10 Descartes, Œuvres I, S. 81, IX, deuxième partie, S. 61.

11 Arnauld/Nicole, La Logique, première partie, chap. XI.

12 Descartes, Œuvres, IX, S. 76–82.

13 Locke, Essay, Book III, chap. IX–XI.

14 De Brosses, Traité de la formation mécanique des langues, I, S. 41.

15 Domergue, Journal de la langue française, 1791.

16 Locke, Essay, Book II, chap. XVI, § 5–6.

17 Ebenda, chap. XXII, § 3ff.

18 Ebenda, Book II, chap. X, § 21.

19 Ebenda, Book IV, chap. XXI, § 4.

20 Ebenda, Book III, chap. IX, § 21.

21 Vgl. zur Rolle der Zeichentheorie in Condillacs „Essai", Ricken 1977 u. 1984. Eine ausführliche Zusammenstellung neuer Literatur zu Condillacs Sprachtheorie gibt Sgard 1982.

22 Condillacs wichtigste weitere Schriften zu den von uns behandelten Fragen sind sein „Traité des animaux" (1755), die „Grammaire" (verfaßt um 1760) und die „Logique" (1780); sie sind als Neudruck zugänglich in Œuvres philo-

sophiques de Condillac, éd. Georges le Roy, 3 Bde, Paris 1947–1951 (Band III besteht aus Condillacs „Dictionnaire des synonymes"). Der „Essai sur l'origine des connaissances humaines" wurde von Charles Porset neu herausgegeben (Paris 1973), in deutscher Übersetzung mit einer ausführlichen Einleitung von U. Ricken (Leipzig 1977). Eine neue Ausgabe von Condillacs „Langue des calculs" besorgten Sylvain Auroux und Anne-Marie Chouillet (Lille 1981); eine deutsche Übersetzung des gleichen Werkes wurde zusammen mit Condillacs „Logik" von Georg Klaus herausgebracht (Berlin 1959).

23 Condillac, Essai sur l'origine des connaissances humaines, Seconde partie, Section première, § 147.

24 Diesen Gedanken hat Condillac besonders in seiner „Logique" ausgeführt.

25 Lavoisier, zitiert bei J. Lambert, S. 369.

26 Zur Neologiediskussion des 18. Jahrhunderts s. Armogathe, Krauss 1970, Mormile, Ricken 1977, Wöllenweber.

27 Arnauld/Nicole, La Logique, Première partie, chap. XIV.

28 Locke, Essay, Book III, chap. IX: „First, By their civil use, I mean such a communication of thoughts and ideas by words, as may serve for the upholding common conversation and commerce, about the ordinary affairs and conveniences of civil life, in the societies of men, one amongst another.
Secondly, By the philosophical use of words, I mean such a use of them as may serve to convey the precise notions of things, and to express in general propositions certain and undoubted truths, which the mind may rest upon and be satisfied with in its search after true knowledge. These two uses are very distinct.

29 Condillac, Essai, Seconde partie, Section seconde, § 44.

30 Zur Diskussion des 18. Jahrhunderts über die „Sprachrelativität" des Denkens s. Christmann 1967 und Haßler 1984.

31 Diderot, De l'interprétation de la nature, Œuvres II, S. 18.

32 Diderot, Lettre à Falconet (Juillet 1767), Correspondance VII, S. 88ff.

33 Herder, Metakritik zur Kritik der reinen Vernunft, S. 108.

34 Herder, Älteste Urkunde des Menschengeschlechts, Werke VI, S. 270.

35 Kant, zitiert bei Grimm VIII, 1598.

36 Goethe, zitiert bei Grimm XIV, II, 1522.

37 Wir illustrieren weiter unten im Abschnitt 3 „Sprachtheorie und Gesellschaftsauffassung" Pufendorfs Darstellung des Sprachursprungs.

38 Die ausführlichste Darstellung der Sprachursprungsthesen des 17. und 18. Jahrhunderts gibt Megill 1974. Zur Diskussion der Ursprungsproblematik an der Berliner Akademie s. Aarsleff.

39 S. Borst 1957–1963.

40 S. Dagen 1977.

41 Vgl. Roger 1971.

42 Vgl. Krauss 1977.

43 S. Chaudon, Stichwort bêtes.

44 Vgl. Camper I, S. 67.

45 S. Polignac, Livre septième.

46 Vgl. Duchet, S. 243f.
47 Condillac, Traité des animaux, In: Œuvres philosophiques I, S. 337–379.
48 Seine Theorie der *liaison des idées* mit Hilfe der Zeichen hatte Condillac zunächst im „Essai über den Ursprung der menschlichen Erkenntnisse" entwickelt, dann aber auch auf die psychischen Fähigkeiten der Tiere angewandt.
49 Condillac, Essai, Seconde Partie, première section. Die Entstehung und Entwicklung der Künste gehört damit zu den Kapiteln „Über den Ursprung und die Entwicklung der Sprache".
50 Bonnet, Œuvres IX, S. 436f.
51 Ebenda, XV, S. 52.
52 Ebenda XV, S. 163f.
53 Ebenda.
54 Haller 1787, II, S. 193.
55 Haller 1759–1776, V, S. 1089f.
56 La Mettrie, L'homme machine. In: Œuvres philosophiques.
57 Maupertuis, Œuvres, II, S. 243.
58 Ebenda S. 242ff.
59 Diderot, Œuvres 1969, II, S. 769.
60 Vgl. Ludovico 1979, Formigari 1982.
61 Condillac, „Essai über den Ursprung der menschlichen Erkenntnisse" und „Abhandlung über die Tiere".
62 Auch diese dialektische Sicht der Sprachentstehung vertritt Condillac im „Essai" und in seiner „Abhandlung über die Tiere".
63 Rousseau, Œuvres III, S. 364.
64 Hamann, Schriften IV, S. 14.
65 Herder, Kalligone, S. 86.
66 Vgl. den Buchtitel von Bärenbach 1877 „Herder als Vorgänger Darwins" sowie Glass (ed.), Forerunners of Darwin 1757–1859, Baltimore 1959.
67 Vgl. Stolpe 1964.
68 Georges Mounin im Hinblick auf die Geschichte der Linguistik, zitiert bei E. F. K. Koerner, Ferdinand de Saussure, Origin and development of his thought in western studies of language. Braunschweig 1973, S. 174.
69 Lamarck, Philosophie zoologique.
70 Schleicher 1865, S. 3ff.
71 Charles Darwin, Abstammung, S. 95.
72 Erasmus Darwin, Zoonomia, I, S. 111ff.
73 Haeckel 1879, S. 82f.
74 Schmidt 1876, S. 2ff.
75 Ebenda S. 3.
76 Richard Simon S. 84ff. Wir zitieren nach der Ausgabe von 1685.
77 Ebenda S. 86.
78 Ebenda S. 87.
79 Ebenda S. 484f.
80 Wir zitieren Pufendorfs Werk nach der 1712 in zweiter Auflage erschienenen französischen Übersetzung.

81 Pufendorf I. S. 426f.
82 Ebenda S. 428.
83 Vgl. Droixhe 1978, S. 162ff.
84 Locke, Essay, Book III, chap. I.
85 Vgl. Salvucci 1957, 1961.
86 Condillac, Essai I, II, chap. IVff. – Eine gleichartige Darstellung gibt Condillacs Abhandlung, über die Tiere.
87 Condillac, Essai, II, I, chap. IIIff.
88 S. zu Adelung als Linguist die Akten des 1982 von der Sächsischen Akademie der Wissenschaften zu Leipzig durchgeführten Kolloquiums.
89 Adelung 1781, S. 379.
90 S. hierzu ausführlicher Ricken 1982.
91 Bacon, Neues Organon, S. 84ff.
92 Hobbes, Vom Menschen. Vom Bürger, S. 148f.
93 Pufendorf, I, livre quatrième, chap. I.
94 Spinoza, Abhandlung, vgl. Robinet 1978.
95 Locke, Essay, Book III, chap. X.
96 Ebenda, Book I, chap. III, § 24.
97 Meslier, Œuvres, II, S. 41ff.
98 Du Bos, Histoire critique I, S. 3, 54f., 103f., 190, 281f.; II, S. 121f., 255f., 499f.; III, 26f., 137f.; IV, S. 102f., 140ff., 372f.
99 Montesquieu, Œuvres complètes II, S. 438.
100 Ebenda, S. 324.
101 Warburton, S. 160f.
102 Diderot, Encyclopédie II, Stichwort *bassesse*.
103 Ebenda VIII, Stichwort *honnête*.
104 Diderot, Œuvres (1875ff.) VII, S. 370, vgl. Chouillet 1977.
105 Helvétius, De l'esprit, Discours I, chap. IV.
106 Ebenda.
107 Ebenda.
108 Mably, Œuvres XVI, S. 14.
109 Krauss, Est-il utile, S. 58–64.
110 Rousseau, Œuvres IV, S. 524, vgl. zu Rousseaus Sprachkritik Bach 1976, 1977.
111 Ebenda III, S. 558.
112 Mendelssohn, Sendschreiben an den Herrn Magister Lessing, in Mendelssohn 1880, S. 323–348. Dieses Sendschreiben ist eine Art Anhang zu Mendelssohns Übersetzung der Abhandlung Rousseaus. Siehe S. 343 Mendelssohns Hinweis auf seine „sehr oft" mit Lessing geführten Gespräche über den Sprachursprung.
113 Ebenda S. 329.
114 Formey 1763.
115 1766 erschienen, also im gleichen Jahr wie die Abhandlung von Süssmilch.
116 Beauzée, Grammaire, I, préface.
117 Vgl. zu Herders Preisschrift Aarsleff 1974, Bahner 1978, Hartung 1977, Megill 1974.

118 Herder, Werke II, S. 68f., IV, S. 368.
119 Herder in Monboddo I, Vorrede S. 5.
120 Herder, Ideen zur Philosophie der Geschichte der Menschheit, Werke XIII, S. 368.
121 Herder, Kalligone, S. 269.
122 Zum geschichtlichen Standort der „Ideologen" s. Moravia 1968–1974, Gusdorf 1978; zur Rolle der Sprachtheorie im Rahmen ihrer Bewegung s. Baum 1975, Haßler 1981.
122a Taine 1868 (erste Auflage 1857) S. 2f. Taine weist darauf hin, daß ihm dieser Dialog von einem „alten Sensualisten" als eigenes Erlebnis mitgeteilt wurde.
123 J. de Maistre, Œuvres complètes, Lyon 1884/85, VI, S. 114, 118.
124 Krauss 1978, S. 11.
125 Marx/Engels, Werke II, S. 138.
126 Auf die Arbeiten von Harnois 1929 und Sahlin 1928 folgten neuerdings z. B. Aarsleff 1970–1979, Auroux 1979, Bahner 1983, Chevalier 1968, Christmann 1967, Coseriu 1972–1975, Droixhe 1978, Formigari 1970–1983, Haßler 1983, Joly 1970–1982, Monréal-Wickert 1977, Ricken 1978, 1984, Robinet 1978, Rosiello 1967–1975, Schulenburg 1973, Sgard 1982, Stefanini 1969.
127 Dieser Irrtum unterläuft Konrad Lorenz in seinem einleitenden „Geleitwort" zu Höpp 1970. Zur Rolle der Sprache in der modernen Evolutionslehre vgl. Bunak 1966, 1973, Höpp 1970. Ludovico 1978, 1979, Möhres 1968, Ploog 1974, Scharf 1974, 1976, Schwidetzky 1973, Vollmer 1975, Zisterer 1975,
128 Condillac, Essai über den Ursprung der menschlichen Erkenntnisse.
129 Zu dieser Rolle sprachtheoretischer Argumente bei Descartes und in der „Logik" von Port-Royal in der Auseinandersetzung mit Hobbes s. ausführlich Ricken 1981, Interpretationen der Sprache als Argument für und gegen den Dualismus.
130 Locke, Essay, Book III, chap. II.
130a Condillac, Grammaire, première partie, chap. IIff., vgl. hierzu Henschel 1977. Zur Entwicklung der Diskussion über den arbiträren Zeichencharakter seit der Antike s. Coseriu 1967.
131 Johann Christoph Adelung schlägt daher bei der Fortsetzung von Condillacs einschlägigen Gedanken sogar vor, das sprachliche Zeichen als *gesellschaftlich* statt *willkürlich* zu charakterisieren, vgl. Ricken 1984, Sprache und Anthropologie bei Adelung.
132 Condillac, Grammaire, première partie, chap. VI.

LITERATURVERZEICHNIS

Aarsleff, H.: The Eighteenth Century, including Leibniz. In: Sebeok (Ed.) S. 383–479.

Aarsleff, H.: The tradition of Condillac: The Problem of the Origin of Language in the Eighteenth Century and the Debate in the Berlin Academy before Herder. In: Hymes, D. (Ed.): Studies in the History of Linguistics, Traditions and Paradigms, Bloomington, London 1974, S. 93–156

Adelung, J. Chr.: Kurzer Begriff menschlicher Fertigkeiten und Kenntnisse. Leipzig 1781

Adelung, J. Chr.: Magazin für die déutsche Sprache. Leipzig 1782

Adelung, J. Chr.: Über den deutschen Styl. Neue vermehrte u. verb. Aufl. 2 Bde. Berlin 1785–87

Albrecht, E.: Sprache und Philosophie. Berlin 1975

Alembert, J. Le Rond d': Œuvres philosophiques, historiques et littéraires. 18 vol. Paris 1805

Amirova, T. A., B. A. Ol'chovikov, Ju. V. Roždestvenskij: Očerki po istorii lingvistiki. Moskva 1975

Armogathe, J.-R.: Néologie et idéologie dans la langue française au 18e siècle. Dix-huitième Siècle V (1973), S. 17–28

Arnauld, A. u. P. Nicole: La logique ou l'art de penser. Edition critique par P. Clair et F. Girbal. Paris 1965

Auroux, S.: La sémiotique des encyclopédistes. Essai d'épistémologie historique des sciences du langage. Paris 1979

Bach, R.: Die Rolle der Sprache in Jean Jacques Rousseaus Erklärung der sozialen Ungleichheit. Z. f. Phonetik XXIX (1976), S. 488–490

Bach, R.: Langue et droit politique chez Jean-Jacques Rousseau. Beitr. z. Roman. Philol. 16 (1977) 1, S. 123–125

Bacon, F.: Neues Organon. Übers. u. erläutert von J. H. von Kirchmann. Berlin 1870

Bärenbach, F.: Herder als Vorgänger Darwins und der modernen Naturphilosophie. Berlin 1877

Bahner, W.: Sprache und Gesellschaft. Einige Aspekte ihres wechselseitigen Verhältnisses. Beitr. z. Roman. Philol. 2 (1962), S. 316–335

Bahner, W.: „Aufklärung" als Periodenbegriff der Ideologiegeschichte. Berlin 1973

Bahner, W.: Das gesellschaftliche Anliegen Jean-Jacques Rousseaus. In: Bahner: Formen, Ideen, Prozesse. Berlin 1977, Bd. 2, S. 219–254

Bahner, W.: Zum ideologiegeschichtlichen Kontext von Herders Abhandlung über den Ursprung der Sprache. In: Joh. Gottfried Herder, S. 93–107

Bahner, W.: Kontinuität und Diskontinuität in der Herausbildung der romanischen Sprachwissenschaft. Berlin 1983 (Sitzungsberichte der Sächs. Akad. d. Wiss. zu Leipzig. Phil.-hist. Kl. Bd. 124, H. 3)

Baum, R.: Die ‚Ideologen' des 18. Jahrhunderts und die Sprachwissenschaft. Historiographia Linguistica II (1975), S. 67–90

Beauzée, N.: Grammaire générale. Réimpr., éd. par H. E. Brekle, avec une introd. par B. E. Bartlett. 2 Bde. Stuttgart – Bad Cannstadt 1974

Bleek, W.: Über den Ursprung der Sprache, als erstes Kapitel einer Entwicklungsgeschichte der Menschheit. Hrsg. mit einem Nachwort von Haeckel. Weimar 1868

Blumenbach, J. F.: Handbuch der Naturgeschichte. 6. Aufl. Göttingen 1799

Bonald, L. de: Œuvres complètes. 3 Bde. Paris 1864

Bonnet, Ch.: Œuvres d'histoire naturelle et de philosophie. 18 vol. Neuchâtel 1779–1783

Borst, A.: Der Turmbau zu Babel. Geschichte der Meinungen über Ursprung und Vielfalt der Sprachen und Völker. 6 Bde. Stuttgart 1957–1963

Bougeant, G. H.: Amusement philosophique sur le langage des bêtes. Ed. critique par H. Hastings. Genève, Lille 1954

Brekle, H. E.: The Seventeenth Century. In: Sebeok (Ed.), S. 277–322

Brosses, Ch. de: Traité de la formation mécanique des langues. 2 Bde. Paris an IX

Brown, H.: Maupertuis philosophe: Enlightenment and the Berlin Academy. Studies on Voltaire and the 18th Century 24 (1963), S. 255–269

Brunet, P.: Maupertuis, l'œuvre et sa place dans la pensée scientifique et philosophique du XVIIIe siècle. Paris 1929

Brunot, F.: Histoire de la langue française des origines à nos jours. 13 Bde. Paris 1905–1953. Nouv. éd Paris 1966ff.

Buffon: Œuvres philosophiques. Ed. J. Piveteau, Paris 1954

Buffon: De l'homme. Ed. M. Duchet. Paris 1971

Bunak, V. V. (Ed.): Reč i intellekt, stadii ich razvitija v antropogeneze. Moskau 1966

Bunak, V. V.: Die Entwicklungsstadien des Denkens und des Sprachvermögens und die Wege ihrer Erforschung. In: Schwidetzky S. 226–252, ibid. S. 278 bis 284 das Literaturverzeichnis mit zahlreichen Arbeiten sowjetischer Anthropologen, Linguisten u. Psychologen

Bunk, C.: Der Sprachbegriff in den verschiedenen französischen Enzyklopädien des 18. Jahrhunderts. Diss. Tübingen 1975

Bury, J. B.: The idea of progress. An inquiry into its origin and growth. London 1920

Callot, E.: Maupertuis, le savant et le philosophe. Ed. J. Rostand. Paris 1964

Callot, E.: La philosophie de la vie au XVIIIe siècle. Etudiée chez Fontenelle, Montesquieu, Maupertuis, La Mettrie, Diderot, d'Holbach, Linné. Paris 1965

Camper, P.: Œuvres de Pierre Camper, qui ont pour objet l'histoire naturelle, la physiologie et l'anatomie comparée. 3 vol. Paris, Bordeaux 1803

Canguilhem, G.: La formation du concept de réflexe aux XVIIe et XVIIIe siècles. Paris 1955

Chaudon, L.-M.: Dictionnaire anti-philosophique. Avignon 1774

Chavannes, A. A. C.: Anthropologie ou science générale de l'homme, pour servir d'introduction à l'étude de la Philosophie & des Langues, & de guide dans le plan d'éducation intellectuelle. Lausanne 1788

Chouillet, J.: Descartes et le problème de l'origine des langues au 18e siècle. Dix-huitième Siècle 4 (1972), S. 39–60

Chouillet, J.: La théorie du développement des langues et son arrière-plan sociologique dans la „Lettre sur les Sourds et Muets". Beitr. z. Roman. Philol 16 (1977), S. 105–108

Christmann, H. H.: Beiträge zur Geschichte der These vom Weltbild der Sprache. Wiesbaden 1967

Christmann, H. H. (Ed.): Sprachwissenschaft des 19. Jahrhunderts. Darmstadt 1977

Claparède, E.: La psychologie animale de Charles Bonnet. Genève 1909

Condillac, E. B. de: Œuvres philosophiques. Ed. G. le Roy. 3 vol. Paris 1947 bis 1951

Condillac, E. B. de: Essai sur l'origine des connaissances humaines. Ed. Ch. Porset. Paris 1973

Condillac, E. B. de: Essai über den Ursprung der menschlichen Erkenntnisse. Ed U. Ricken, Leipzig 1977. Literatur zu Condillac s. die Einleitung des Herausgebers, ferner Aarsleff

Condillac, E. B. de: Die Logik oder die Anfänge der Kunst des Denkens. Die Sprache des Rechnens. Ed. G. Klaus, Berlin 1959

Condillac, E. B. de: La Langue des calculs. Texte établi et prés. par A.-M. Chouillet. Introd. et notes de S. Auroux. Lille 1981

Cordemoy, G. de: Discours physique de la parole. Ed. H. E. Brekle. Stuttgart – Bad Cannstatt 1970

Coseriu, E.: L'arbitraire du signe. Zur Spätgeschichte eines aristotelischen Begriffes. Archiv f. d. Studium d. neueren Sprachen und Literaturen CCIV (1967) 2, S. 81–112

Coseriu, E.: Die Geschichte der Sprachphilosophie von der Antike bis zur Gegenwart. Eine Übersicht. 2 Bde. Tübingen 1972–1975

Crocker, L. G.: Diderot and Eighteenth Century French Transformism. In: Forerunners of Darwin, S. 114–143

Dacque, E.: Der Descendenzgedanke und seine Geschichte vom Altertum bis zur Neuzeit. München 1903

Dagen, J.: L'histoire de l'esprit humain dans la pensée française de Fontenelle à Condorcet. Paris 1977

Darwin, Ch.: Die Abstammung des Menschen und die geschlechtliche Zuchtwahl. Halle 1893

Darwin, Ch.: Der Ausdruck der Gemütsbewegungen bei Menschen und Tieren. Halle 1896
Darwin, E.: Zoonomia; or the Laws of Organic Life. London 1794
Descartes, R.: Œuvres. Ed. Adam/Tannery. 10 Bde. Paris 1897–1908
Diderot, D.: Encyclopédie, ou Dictionnaire raisonné des sciences, des arts et des métiers. Paris 1751ff.
Diderot, D.: Œuvres complètes. Ed. J. Assézat, M. Tourneux, 20 Bde. Paris 1875ff.
Diderot, D.: Œuvres complètes. Ed. chronologique. Introd. de R. Lewinter. 15 Bde. Paris 1969
Diderot, D.: Oeuvres philosophiques. Ed. P. Verniere. Paris 1972
Diderot, D.: Correspondance. Ed. G. Rath et J. Varloot. 16 Bde. Paris 1955–1970
Diderot, D.: Textes choisies. T. 2. De l'Interprétation de la nature. Articles de l'Encyclopédie. Ed. J. Varloot. Paris 1971
Dieckmann, H.: Théophile Bordeu und Diderots „Rêve de d'Alembert". Romanische Forschungen 52 (1938), S. 55–122
Domergue, U.: Journal de la Langue Françoise soit exacte soit ornée. Sept. 1784 – janvier 1788, janvier 1791 – mars 1792. Genève 1978 (Reprint)
Droixhe, D.: La linguistique et l'appel de l'histoire (1600–1800). Rationalisme et révolutions positivistes. Genève, Paris 1978
Du Bos, J.-B.: Histoire critique de l'établissement de la monarchie françoise dans les gaules. Nouv. éd. 4 Bde. Paris 1742
Duchet, M.: Anthropologie et histoire au siècle des Lumières. Buffon, Voltaire, Rousseau. Paris 1971
Dufrenoy, M. L.: Maupertuis et le progrès scientifique. Studies on Voltaire and the 18th Century 25 (1963), S. 519–587
Eschler, E.: Verhaltensforschung und Evolution. Jena 1974
Euler, L.: Lettres à une princesse d'Allemagne XXX (Leonhardi Euleri Opera omnia, Ser. Tertia, vol. XI, XII.) Turici 1960
Die Evolution der Sprache. Akten des int. Kongresses der Gesellschaft Teilhard de Chardin für den deutschen Sprachraum. München 26./27. April 1975. München 1975 (Acta Teilhardiana, XII)
Förster, W.: Die Entwicklungsidee in der deutschen Naturphilosophie am Ausgang des 18. und zu Beginn des 19. Jahrhunderts. In: Stiehler, S. 171–210
Fontenelle, B. de: Œuvres. 10 Bde. Paris 1757–1761
Forerunners of Darwin, 1757–1859. Ed. B. Glass, O. Temkin, W. L. Straus. Baltimore 1959
Formey, J.-H.-S.: Réunion des principaux moyens employés pour découvrir l'origine du langage, des idées, et des connoissances des hommes. In: Formey, Anti-Emile. Berlin 1761, S. 211–253
Formigari, L.: Linguistica e antropologia nel secondo settecento. Messina 1972
Formigari, L.: La logica nel pensiero vivente. Bari 1977
Formigari, L.: Theorie des Zeichens und metaphysische Restauration. Z. f. Phonetik, Sprachwisss. u. Kommunikationsforschung 36 (1983) 5, S. 522 bis 532
Foucault, M.: Les mots et les choses. Paris 1966

France, P.: Rhetoric and truth in France. Descartes to Diderot. Oxford 1972

Franz, V.: Die Vervollkommnung in der lebenden Natur. Eine Studie über ein Naturgesetz. Jena 1920

Gambarara, D./d'Atri, A. (Ed.): Ideologia, filosofia et linguistica. Atti del convegno internazionale di studi. Rende (CS), 15–17 settembre 1978. Roma 1982

Gipper, H./Schmitter, P.: Sprachwissenschaft und Sprachphilosophie im Zeitalter der Romantik. In: Sebeok (Ed.), S. 481–606

Glass, B.: Maupertuis, Pioneer of Genetics and Evolution. In: Forerunners of Darwin, S. 51–83

Goldschmidt, V.: Anthropologie et politique. Les principes du système de Rousseau, Paris 1974

Grimm, J. u. W.: Deutsches Wörterbuch. Neubearb. 16 Bde. Leipzig 1854–1960

Gusdorf, G.: L'avènement des sciences humaines au siècle des Lumières. Paris 1973

Gusdorf, G.: La conscience révolutionnaire, les idéologues. Paris 1978

Guyenot, E.: Les sciences de la vie aux XVIIe et XVIIIe siècles. L'idée d'évolution. Paris 1941

Haeckel, E.: Anthropogenie oder Entwicklungs- und Stammesgeschichte des Menschen. 3. Aufl. Leipzig 1877

Haeckel, E.: Natürliche Schöpfungsgeschichte. Gemeinverständliche wissenschaftliche Vorträge über die Entwicklungslehre im Allgemeinen und diejenigen von Darwin, Goethe und Lamarck im Besonderen. 7. Aufl. Berlin 1879

Haeckel, E.: Das Weltbild von Darwin und Lamarck. 2. Aufl. Leipzig 1909

Haller, A. von: Mémoires sur la nature sensible et irritable des parties du corps animal. 3 vol. Lausanne 1756–1762

Haller, A. v.: Des Herrn Albrecht von Haller Anfangsgründe der Phisiologie des menschlichen Körpers. 8 Bde. Berlin, Leipzig 1759–1776

Haller, A. v.: Tagebuch seiner Beobachtungen über Schriftsteller und sich selbst. 2 Bde. Bern 1787

Hamann, J. G.: Hamanns Schriften, Ed. F. Roth. 8 Bde. Berlin 1821–42

Hartung, W.: Zum Problem des Sprachursprungs in der Geschichte der Akademie In: Erbe – Vermächtnis und Verpflichtung. Ed. J. Schildt. Berlin 1977, S. 83–100

Haßler, G.: Ansätze zur Diskussion um ein sprachliches Relativitätsprinzip in der Auseinandersetzung Turgots mit Maupertuis. Z. f. Phonetik, Sprachwiss. u. Kommunikationsforschung 29 (1976) S. 491–494 (= Beiträge zum Hallenser Kolloquium „Philosophische Probleme und Kontroversen in der Geschichte der Sprachwissenschaft")

Haßler, G.: Positionen der Ideologen zur Rolle der Sprache im Erkenntnisprozeß. Beitr. z. Roman. Philol. 20 (1981), S. 51–66

Haßler, G.: Sprachtheorien der Aufklärung zur Rolle der Sprache im Erkenntnisprozeß. Berlin 1984 (Abhandlungen der Sächs. Akad. d. Wiss. zu Leipzig. Phil.-hist. Kl. Bd. 68, H. 1)

Hastings, H.: Man and beast in French thought of the 18th century. Oxford, Baltimore 1936

Heinekamp, A.: Sprache und Wirklichkeit nach Leibniz. In: Parret (Ed.), S. 518 bis 570
Heisenberg, W.: Das Naturbild Goethes und die technisch-naturwissenschaftliche Welt. Sprache und Wirklichkeit in der modernen Physik. Zwei Vorträge (Mitteilungen der Alexander von Humboldt-Stiftung Nr. 13/1967)
Helvétius, C.-A.: Œuvres. 4 Bde. Londres 1781
Helvétius, C.-A.: Œuvres complètes. 14 Bde. Paris 1795
Hennings, J. C.: Geschichte von den Seelen der Menschen und Tiere. Halle 1774
Henschel, B.: L'arbitraire du signe chez Condillac. Beitr. z. Roman. Philol. 16 (1977) 1, S. 101–104
Herder, J. G.: Sämtliche Werke. Ed. Suphan. 33 Bde. Berlin 1877–1913
Herder, J. G.: Kalligone. Weimar 1955
Herder, J. G.: Über den Ursprung der Sprache. Ed. C. Träger. Berlin 1959
Herder, J. G.: Sprachphilosophische Schriften. Ed. E. Heintel. 2., erw. Aufl. Hamburg 1964
Herder, J. G.: Traité sur l'origine de la langue, Suivi de l'analyse de Mérian et des textes critiques de Hamann. Introd., trad. et notes de P. Penisson. Paris 1977
Herder, J. G.: Johann Gottfried Herder zum 175. Todestag am 18. Dezember 1978. Berlin 1978 (Sitzungsberichte d. Akad. d. Wiss. d. DDR, Gesellschaftswissenschaften 1978, Nr. 8/G.)
Hobbes, Th.: Vom Menschen. Vom Bürger. Berlin 1967
Höpp, G.: Evolution der Sprache und Vernunft. Mit einem Geleitwort von K. Lorenz. Berlin, Heidelberg, New York 1970
Irsay, St. d': Albrecht von Haller. Eine Studie zur Geistesgeschichte der Aufklärung. Leipzig 1930
Ishiguro, H.: Leibniz's Philosophy of Logic and Language. Ithaca, New York 1972
Joly, H.: Le renversement platonicien. Logos, episteme, polis. 2e éd. corrigée. Paris 1980
Kirkinen, H.: Les origines de la conception moderne de l'homme machine. Le problème de l'âme en France à la fin du règne de Louis XIV (1670–1715). Helsinki 1960
Korninger, S.: G. W. Leibnizens Sprachauffassung. Sprache 4 (1958), S. 4–14
Koyre, A.: Etudes d'histoire de la pensée scientifique. Paris 1973
Krauss, W.: Cartaud de la Villate. Ein Beitrag zur Entstehung des geschichtlichen Weltbildes in der französischen Frühaufklärung. 2 Bde. Berlin 1960
Krauss, W. (Ed.): Est-il utile de tromper le peuple? Concours de la classe de philosophie spéculative de l'Académie des Sciences et des Belles-Lettres de Berlin pour l'année 1780. Berlin 1966
Krauss, W.: Die Neologie in der Literatur des XVIII. Jahrhunderts. Wiss. Z. Univ. Halle 19 (1970) G. 3/4, S. 101–104
Krauss, W.: Zur Anthropologie des 18. Jahrhunderts. Berlin 1978
Krüger, D.: Zur Sprachauffassung Leonhard Eulers. Z. f. Phonetik, Sprachwissenschaft und Kommunikationsforschung 29 (1976), S. 476–479 (Bei-

träge zum Hallenser Kolloquium „Philosophische Positionen und Kontroversen in der Geschichte der Sprachwissenschaft")
La Fontaine, J. de: Discours à Madame de La Sablière (Sur l'âme des animaux). Genève/Lille 1967
Lamarck, J.-B. de: Philosophie zoologique, ou exposition des considérations relatives à l'histoire des animaux. Paris 1907
Lamarck, J.-B. de: Pages choisies. Ed. L. Brunelle. Paris 1957
Lamarck, J.-B. de: Zoologische Philosophie. Ed. H. Schmidt. Mit Einleitung u. e. Anhang: Das phylogenetische System der Tiere nach Haeckel. Leipzig 1909
Lambert, J.: Analyse lavoisienne et chimie condillacienne? In: Sgard (Ed.), S. 369–477
La Mettrie, J. O. de: Œuvres philosophiques. Londres 1751
La Mettrie, J. O. de: La Mettrie's L'homme Machine. A study in the origin of an idea. Critical edition with an introductory monograph and notes by A. Vartanian. Princeton 1960
Lamy, B.: De l'art de parler. Paris 1676
Lemercier, J. B.: Lettre sur la possibilité de faire de la grammaire un Art-Science, aussi certain dans ses principes, et aussi rigoureux dans ses démonstrations que les Art-Science Physico-Mathématiques. Paris 1806
Leibniz, G. W.: Nouveau essais sur l'entendement humain. Ed. J. Brunschwig. Paris 1966
Lenders, W.: Kommunikation und Grammatik bei Leibniz. In: Parret (Ed.), S. 571–592
Lenneberg, E. H.: Biologische Grundlagen der Sprache. Anhang: O. Marx: Die Geschichte der Ansichten über die biologische Grundlage der Sprache. Frankfurt/Main 1972
Lepenies, W.: Das Ende der Naturgeschichte. Wandel kultureller Selbstverständlichkeiten in den Wissenschaften des 18. und 19. Jahrhunderts. Frankfurt/Main 1978
Leroy, Ch.-G.: Lettres philosophiques sur l'intelligence et la perfectibilité des animaux, avec quelques lettres sur l'homme. Nouv. éd., à laquelle on a ajouté des lettres posthumes sur l'homme. Paris 1802
Le Roy, G.: La psychologie de Condillac. Paris 1937
Locke, J.: Essai philosophique concernant l'entendement humain. Trad. de l'anglois par M. Coste. Amsterdam 1729
Lovejoy, A. O.: Herder: Progressionism without Transformism. In: Forerunners of Darwin, S. 207–221
Ludovico, A.: Le basi biologiche del comportamento linguistico. In: Gambarara, S. 739–758
Mably, G. B. de: Œuvres complètes. 19 Bde. Toulouse, Nîmes 1791
Maistre, J. de: Œuvres complètes. 14 Bde. Lyon 1924–1928
Marx, O.: s. Lenneberg
Maupertuis, P.-L. M. de: Œuvres, 4 vol. Nouv. éd. Lyon 1768
Megill, A. D.: The Enlightenment Debate on the Origin of Language. Diss. Columbia University (New York) 1974

Meier, G. F.: Versuch eines neuen Lehrgebäudes von den Seelen der Tiere. 2. Aufl. Halle 1750

Mémoires de l'Institut National des Sciences et des Arts, pour l'an IV de la République. Sciences morales et politiques, t. 1er

Mendelssohn, M.: Schriften zur Psychologie und Aesthetik sowie zur Apologetik des Judentums. Ed. M. Brasch. Leipzig 1880 (Mendelssohn, Schriften zur Philosophie, Aesthetik u. Apologetik. Bd. 2)

Meslier, J.: Œuvres complètes. Préf. et Notes par J. Deprun, R. Desné, A. Soboul. 3 Bde. Paris 1970–1972

Michaelis, J. D.: De l'influence des opinions sur le langage et du langage sur les opinions. Nouv. impr. de l'éd. 1762 avec un comm. par H. Manke et une préf. par H. Brekle. Stuttgart – Bad Cannstatt 1974

Mocek, R.: Thesen zu einer Theorie der Wissenschaftsgeschichte. Arbeitsblätter zur Wissenschaftsgeschichte. Martin-Luther-Universität Halle – Wittenberg (1977), S. 7–45

Mocek, R.: Gedanken über die Wissenschaft: Die Wissenschaft als Gegenstand der Philosophie. Berlin 1980

Möhres, F. P.: Tierische Kommunikation und menschliche Sprache. In: Haag, H., Möhres, F. P. (Ed.): Ursprung und Wesen des Menschen. Tübingen 1968, S. 81–96

Monboddo, J. B.: Des Lord Monboddo Werk von dem Ursprunge und Fortgange der Sprache. Mit einer Vorrede des Herrn Generalsuperintendenten Herder. 2 Bde. Riga 1785

Monreal-Wickert, J.: Die Sprachforschung der Aufklärung im Spiegel der großen französischen Enzyklopädie. Tübingen 1977 (Lingua et Traditio, Beiträge z. Gesch. der Sprachwiss. 3. Ed. H. H. Christmann u. E. Coseriu)

Montanari, A.: Trattenimento metafisico intorno ai principali sistemi dell'anima delle bestie con alcune osservazioni sopra l'anima umana, opera del conte Antonio Montanari, patrizio veronese. Verona 1761

Montesquieu, Ch.-L. de: Œuvres complètes. 2 Bde. Paris 1951 (Pléiade)

Moravia, S.: Il tramonto dell'illuminismo. Filosofia e politica nella società francese (1770–1810). Bari 1968

Moravia, S.: Beobachtende Vernunft, Philosophie und Anthropologie in der Aufklärung. Aus dem Ital. von E. Piras. München 1973

Moravia, S.: Dall „Homme machine" all' „Homme sensible". Meccanicismo, animismo e vitalismo nel secolo XVIII. Belfagor 29 (1974), S. 633–648

Moravia, S.: Il pensiero degli idéologues. Scienza e filisofia in Francia (1780–1815). Firenze 1974

Mormile, M.: La „Néologie" révolutionnaire de Louis-Sébastien Mercier. Rome 1973

Moscati, P.: Von dem körperlichen wesentlichen Unterscheide (sic!) zwischen der Structur der Thiere und der Menschen. Aus dem Italienischen übersetzt v. Joh. Beckmann. Göttingen 1771

Mühlmann, W. E.: Geschichte der Anthropologie. 2. Aufl. Frankfurt/Main, Bonn 1968

Ol'chovikov: s. Amirova
Panconcelli-Calzia, G.: Phonetik als Naturwissenschaft. Berlin 1948
Panfilow, W. S.: Wechselbeziehung von Sprache und Denken. Berlin 1974
Parret, H.: Idéologie et sémiologie chez Locke et Condillac. Lisse 1975
Parret, H. (Ed.): History of Linguistic Thought and Contemporary Linguistics. Berlin, New York 1976
Ploog, D.: Die Sprache der Affen und ihre Bedeutung für die Verständigungsweisen des Menschen. München 1974
Poliakov, L.: Les idées anthropologiques des philosophes du siècle des Lumières. Rev. franç. d'histoire d'Outre-Mer 58 (1971) 212, S. 255–278
Polignac: L'Anti-Lucrèce, poème sur la religion naturelle. Lyon 1780
Prevost, P.: Des signes envisagés relativement à leur influence sur la formation des idées. Paris An VIII
Proust, J.: Diderot et les problèmes du langage. Romanische Forschungen 79 (1967), S. 1–27
Pufendorf, S.: Le droit de la nature et des gens. 2 Bde. Amsterdam 1712
Querner, H.: Darwins Deszendenz- und Selektionslehre auf den deutschen Naturforscher-Versammlungen. Acta Hist. Leopoldina 9 (1975), S. 439–456
Ricken, U.: „Gelehrter" und „Wissenschaft" im Französischen. Beiträge zu ihrer Bezeichnungsgeschichte vom 12.–17. Jahrhundert. Berlin 1961
Ricken, U.: Zur Neologiediskussion des 18. Jahrhunderts und ihrer Fortsetzung nach der Revolution. Wiss. Z. Univ. Halle 26 (1977) G. 5, S. 109–118
Ricken, U.: Condillacs „Essai über den Ursprung der menschlichen Erkenntnisse" im Rahmen der philosophischen und sprachtheoretischen Diskussion der Aufklärung. In: Condillac 1977, S. 7–53
Ricken, U.: Grammaire et philosophie au siècle des Lumières. Controverses sur l'ordre naturel et la clarté du français. Lille 1978
Ricken, U.: Zum Verhältnis von Sprachauffassung, Anthropologie, Gesellschaftsbild in der französischen Aufklärung. Wiss. Z. d. Univ. Halle 28 (1979) G. 3, S. 5–36
Ricken, U.: Linguistik und Naturwissenschaft in der Aufklärung. Nova Acta Leopoldina N. F. 54, Nr. 245 (1981), S. 544–564
Ricken, U.: Sprachauffassung und geschichtliches Menschenbild der Aufklärung. In: Logos Semantikos. Studia linguistica in honorem Eugenio Coseriu. Vol. 1. Berlin, New York, Madrid 1981, S. 41–45
Ricken, U.: Linguistique et anthropologie chez Condillac. In: Sgard, J. (Ed.), 1982, S. 75–93
Ricken, U.: Théorie linguistique et théorie sociale en France au siècle des Lumières. In: Gambarara, S. 177–207
Ricken, U.: Interpretationen der Sprache als Argument für und gegen den Dualismus. Descartes und seine sensualistischen Gegenspieler im 17. Jahrhundert. Beitr. z. Roman. Philol. 1 (1981)
Ricken, U.: Der Wortmißbrauch als Diskussionsthema der französischen Aufklärung. Wiss. Z. Univ. Halle 31 (1982) G. 2, S. 107–117
Ricken, U.: Linguistik und Anthropologie bei Adelung. In: Bahner, W. (Ed):

Sprache und Kulturentwicklung im Blickfeld der deutschen Spätaufklärung. Der Beitrag Johann Christoph Adelungs. Berlin 1984. (Abhandlungen. der Sächsischen Akademie der Wissenschaften zu Leipzig. Philologisch-historische Klasse, Bd. 70, H. 4), S. 124–134

Ricken, U.: Sprache, Anthropologie, Philosophie in der französischen Aufklärung: Ein Beitrag zur Geschichte des Verhältnisses von Sprachtheorie und Weltanschauung. Berlin 1984

Robinet, J. B. R.: De la nature. 3e éd. Amsterdam 1763–1766

Robinet, J. B. R.: Vue philosophique de la gradation naturelle des formes de l'être ou les essais de la nature que apprend à faire l'homme. Amsterdam 1768

Roger, J.: Les sciences de la vie dans la pensée française du XVIIIe siècle. La génération des animaux de Descartes à l'Encyclopédie. Paris 1971

Rosenfeld, L.: From Beast-Machine to Man-Machine. The theme of animal soul in French letters from Descartes to La Mettrie. New York 1968

Rosiello, L.: Linguistica illuminista. Bologna 1967

Rosiello, L.: Le teorie linguistiche di Vico e Condillac. Forum Italicum 2 (1968) 4, S. 386–393

Rosiello, L.: Rilevanza teorica degli studi di storia della linguistica. In: Vignuzzi, E./Ruggiero, G./Simone, R. (Ed.), Teoria e storia degli studi linguistici. Roma 1975, S. 91–97

Rousseau, J.-J.: Oeuvres complètes. 4 Bde. Paris 1966–1969 (Pléiade)

Rousseau, J.-J.: Essai sur l'origine des langues. Ed. Ch. Porset, Bordeaux 1970

Salmon, P.: Herders Essay on the origin of language and the place of man in the animal kingdom. German Life und Letters 22 (1968/69), S. 59–70

Salvucci, P.: Linguaggio e mondo umano in Condillac. Urbino 1957

Salvucci, P.: Condillac filosofo della communità umana. Milano 1961

Savioz, R.: La philosophie de Charles Bonnet de Genève. Paris 1948

Scharf, J. H.: August Schleicher und moderne Fragen der Glottogonie (Dualisierung und Ergativismus) als biologische Probleme. Acta Hist. Leopoldina 9 (1975), S. 137–219

Scharf, J. H.: Bemerkenswertes zur Geschichte der Biolinguistik und des sogenannten Sprach-Darwinismus als Einführung in das Thema „Aspekte der Evolution menschlicher Kultur". Nova Acta Leopoldina NF 42, Nr. 218 (1974), S. 323–341

Schleicher, A.: Über die Bedeutung der Sprache für die Naturgeschichte des Menschen. Weimar 1865

Schlobach, J.: Die klassisch-humanistische Zyklentheorie und ihre Anfechtung durch das Fortschrittsbewußtsein der französischen Frühaufklärung. In: Historische Prozesse. Ed. K.-G. Faber u. Ch. Meier, München 1978, S. 127 bis 142

Schmidt, G.: Der Begriff des Menschen in der Geschichts- und Sprachphilosophie Herders. Z. f. Philosoph. Forschung VIII (1954), S. 499–534

Schröder, W.: Zur Überwindung der anthropologisch-philosophischen Gesellschafts- und Fortschrittstheorien der Aufklärung durch Marx und Engels. Beitr. z. Roman. Philol. 16 (1977) 1, S. 51–56

Schulenburg, S. von der: Leibniz als Sprachforscher. Frankfurt/M. 1973
Schwidetzki, I. (Ed.): Über die Evolution der Sprache. Anatomie – Verhaltensforschung – Sprachwissenschaft – Anthropologie. Frankfurt/M. 1973
Sebeok, T. A. (Ed.): Current trends in Linguistics, vol. 13, Historiography of Linguistics. The Hague, Paris 1975
Sebeok, T. A.: Zoosemiotics: At the Intersection of Nature and Culture. Lisse 1975 (PdR Press Publications in Zoosemiotics 1)
Sgard, J. (Ed.): Corpus Condillac (1714–1780). Genève, Paris 1981
Sgard, J. (Ed.): Condillac et les problèmes du langage (Actes du Colloque Condillac, Grenoble 1980). Genève, Paris 1982
Simon, R.: Histoire critique du vieux testament. Rotterdam 1685
Smit, P.: Ontogenesis and phylogenesis, their interrelations and their interpretation. Leiden 1961
Smit, P.: On the fundamentals of Darwins theory. Archives Néerlandaises de Zoologie 13 (1960) S. 28–43
Spinoza, B.: Abhandlung über die Verbesserung des Verstandes/Abhandlung vom Staate. Ed. C. Gebhardt. Leipzig 1922
Spitzbardt, H.:Zum Darwinismus in der Sprachwissenschaft. Z. f. Phonetik, Sprachwissenschaft und Kommunikationsforschung 29 (1976), S. 506–511 (= Beiträge zum Hallenser Kolloquium „Philosophische Positionen und Kontroversen in der Geschichte der Sprachwissenschaft".)
Stiehler, G. (Ed.): Veränderung und Entwicklung. Studien zur vormarxistischen Dialektik. Berlin 1974
Stolpe, H.: Herder und die Ansätze einer naturgeschichtlichen Entwicklungslehre im 18. Jahrhundert. In: Neue Beiträge zur Literatur der Aufklärung. Ed. W. Krauss u. W. Dietze. Berlin 1964, S. 289–316
Storost, J.: Zur Herausbildung der Grundsätze der modernen französischen Fachsprache der Chemie im ausgehenden 18. Jahrhundert unter Beachtung des philosophischen Einflusses von Condillac. Beitr. Roman. Philologie 11 (1972) S. 291–311
Taine, H.: Les philosophes classiques du XIX siècle en France. 3e éd. Paris 1868
Tembrock, G.: Phonetische Eigenschaften von Primatenlauten im Evolutionsaspekt. Nova Acta Leopoldina NF 42, Nr. 218 (1974), S. 343–353
Tetens, J. N.: Über den Ursprung der Sprache und der Schrift. Berlin 1966
Thomson, A.: Materialism and society in the mid-eighteenth century: La Mettrie's Discours préliminaire. Genève 1981
Thorpe, W. H.: Animal Nature and Human Nature. London 1974
Toussaint, M.: Contre l'arbitraire du signe. Préf. de M. Arrivé. Paris 1983
Uschmann, G.: Der morphobiologische Vervollkommnungsbegriff bei Goethe und seine problemgeschichtlichen Zusammenhänge. Jena 1939
Uschmann, G.: Über das Verhältnis Haeckels zu Lamarck und Cuvier. In: Eulner, H. H. (Ed.): Medizingeschichte in unserer Zeit (Festgabe E. Heischkel-Artelt u. W. Artelt). Stuttgart 1971, S. 422–433
Verburg, P. A.: The Idea of Linguistic System in Leibniz. In: Parret (Ed.), S. 593 bis 615

Verri, A.: Lord Monboddo, dalla metafisica all'antropologia. Ravenna 1975
Vollmer, G.: Evolutionäre Erkenntnistheorie. Angeborene Erkenntnisstrukturen im Kontext von Biologie, Psychologie, Linguistik, Philosophie und Wissenschaftstheorie. Mit e. Geleitwort von H. Mohr, Stuttgart 1975
Warburton, W.: Essay sur les hiéroglyphes des Egyptiens. Ed. P. Tort. Paris 1977
Weizsäcker, C. F. von: Die Tragweite der Wissenschaft. Bd. 1: Schöpfung und Weltentstehung. Die Geschichte zweier Begriffe. 3. Aufl. Stuttgart 1971
Winter, U.: Der Materialismus bei Diderot. Genève, Paris 1972
Wöllenweber, H.: Voltaire – Gegner und Anhänger der Neologie. Beitr. z. Roman. Philol. 16 (1977) 1, S. 119–122
Zisterer, S.: Probleme der phylogenetischen Sprachentstehung. Ansätze zu einer Entwicklungsgeschichte menschlicher Sprache. In: Leist, A. (Ed.): Ansätze zur materialistischen Sprachtheorie. Kronberg 1975, S. 156–205

SITZUNGSBERICHTE DER SÄCHSISCHEN AKADEMIE DER WISSENSCHAFTEN ZU LEIPZIG

BAND 125

PHILOLOGISCH-HISTORISCHE KLASSE

AKADEMIE-VERLAG · BERLIN

1984–1985

Lizenznummer: 202 · 140/205/85
Gesamtherstellung: IV/2/14 VEB Druckerei „Gottfried Wilhelm Leibniz“,
DDR - 4450 Gräfenhainichen
Printed in the German Democratic Republic

INHALT

Band 119

Heft 1 Prof. Dr. WILHELM PÉE, Rechtschreibungsprobleme im Niederländischen. Mit einem Beitrag von Dr. HELGA HIPP, Probleme der niederländischen Rechtschreibung aus germanistischer Sicht 1977. 53 Seiten – 8° – M 5,–

Heft 2 Prof. Dr. GERTRUD SCHUBART-FIKENTSCHER, Goethes Amtliche Schriften. Eine rechtsgeschichtliche Untersuchung 1977. 72 Seiten – 8° – M 6,50

Heft 3 Prof. Dr. RUDOLF RŮŽIČKA, Historie und Historizität der Junggrammatiker 1977. 22 Seiten – 8° – M 3,–

Heft 4 Prof. Dr. GERTRUD SCHUBART-FIKENTSCHER, Christian Thomasius. Seine Bedeutung als Hochschullehrer am Beginn der deutschen Aufklärung 1977. 50 Seiten – 8° – M 4,50

Heft 5 Prof. Dr. JOACHIM MÜLLER, Shakespeare und ein deutscher Anfang: Die von Borcksche Übersetzung des „Julius Cäsar" von 1741 im Streitfeld von Gottsched und Johann Elias Schlegel 1977. 65 Seiten – 8° – M 5,–

Heft 6 Prof. Dr. HERBERT PEUKERT, Positionen einer Linguostilistik 1977. 93 Seiten – 8° – M 8,50

Band 120

Heft 1 Prof. Dr. LIESELOTTE BLUMENTHAL, Mozarts englisches Mädchen 1978. 29 Seiten – 8° – M 3,–

Heft 2 Prof. Dr. HANS-JOACHIM DIESNER, Westgotische und langobardische Gefolgschaften und Untertanenverbände 1978. 32 Seiten – 5 Abbildungen – 8° – M 4,–

Heft 3 Prof. Dr. WALTER DIETZE, „Ein würdiger Lehrer der Menschheit zu werden ..." Über Johann Gottfried Herders schriftstellerische Anfänge 1978. 22 Seiten – 8° – M 3,–

Heft 4 Prof. Dr. ROLF LIEBERWIRTH, Der Staat als Gegenstand des Hochschulunterrichts in Deutschland vom 16. bis zum 18. Jahrhundert 1978. 28 Seiten – 8° – M 3,50

Heft 5 Prof. Dr. RUDOLF MEYER, Gegensinn und Mehrdeutigkeit in der althebräischen Wort- und Begriffsbildung 1979. 31 Seiten – 8° – M 3,50

Heft 6 Prof. Dr. WERNER NEUMANN, Aufgaben und Probleme der heutigen Bachforschung 1979. 25 Seiten – 8° – M 3,–

Band 121

Heft 1 Prof. Dr. KARL CZOK, Vorstädte. Zu ihrer Entstehung, Wirtschaft und Sozialentwicklung in der älteren deutschen Stadtgeschichte 1979. 28 Seiten – 8° – M 3,–

Heft 2 Prof. Dr. HANS-JOACHIM DIESNER, Politik und Ideologie im Westgotenreich von Toledo: Chindasvind 1979. 35 Seiten – 8° – M 4,50

Heft 3 Prof. Dr. JOACHIM MÜLLER, Die dramatische Funktion von Mephistos Monolog in Goethes „Faust" I: „Verachte nur Vernunft und Wissenschaft ..." (V. 1851–1867) 1980. 32 Seiten – 8° – M 3,–

Heft 4 Prof. Dr. Dr. KURT RUDOLPH, Antike Baptisten. Zu den Überlieferungen über frühjüdische und -christliche Taufsekten. 1981. 40 Seiten – 8° – M 4,50

Heft 5 Prof. Dr. CLAUS TRÄGER, Lessing – Kritik und Historizität 1981. 34 Seiten – 8° – M 3,50

Heft 6 Prof. Dr. ALBRECHT NEUBERT, Zu einigen aktuellen Problemen der lexikalischen Semantik 1981. 20 Seiten – 8° – M 3,–

Band 122

Heft 1 Prof. Dr. JOACHIM MÜLLER, Der vierte Akt im Zweiten Teil von Goethes „Faust". Aktion und Bezüge 1981. 26 Seiten – 8° – M 3,–

Heft 2 Prof. Dr. GERHARD DUDEK, Lew Tolstoi – Künstlerische Entdeckung und ästhetische Herausforderung 1981. 20 Seiten – 8° – M 3,–

Heft 3 Prof. Dr. ZSIGMOND TELEGDI, Ein Beitrag zur Lehre vom sprachlichen Zeichen Bezüge 1981. 36 Seiten – 8° – M 4,50

Heft 4 Prof. Dr. ROLF LIEBERWIRTH, Eike von Repchow und der Sachsenspiegel 1982. 50 Seiten – 8° – M 5,–

Heft 5 Prof. Dr. ERNST EICHLER, Ergebnisse der Namenforschung im deutsch-slawischen Raum 1982. 48 Seiten – 8° – M 4,50

Heft 6 Prof. Dr. SIEGFRIED WOLLGAST, Die Philosophie in Deutschland von der Reformation bis zur Aufklärung – Hauptetappen und Tendenzen 1982. 59 Seiten – 8° – M 6,–

Band 123

Heft 1 Prof. Dr. EBERHARD BRÜNING, Sinclair Lewis und die endgültige Emanzipation der amerikanischen Literatur 1982. 25 Seiten – 8° – M 3,50

Heft 2 Prof. Dr. ERNST WERNER, Sultan Mehmed der Eroberer und die Epochenwende im 15. Jahrhundert 1982. 71 Seiten – 8° – M 7,50

Heft 3 Prof. Dr. WERNER NEUMANN, Über das funktionale Wechselverhältnis von Vokalität und Instrumentalität als kompositionstechnisches Grundphänomen 1982. 30 Seiten – 8° – M 4,–

Heft 4 Prof. Dr. KARL CZOK, Über Traditionen sächsischer Landesgeschichte 1983. 44 Seiten – 31 Tafeln – 8° – M 8,–

Heft 5 Prof. Dr. Dr. KURT RUDOLPH, Wellhausen als Arabist 1983. 57 Seiten – 8° – M 6,–

Heft 6 Prof. Dr. TERENCE FREDERICK MITCHELL, Soziolinguistische und stilistische Aspekte des gesprochenen Arabisch der Gebildeten (Educated Spoken Arabic) in Ägypten und der Levante 1984. 22 Seiten – 8° – M 4,–

Band 124

Heft 1 Prof. Dr. HANS HIEBSCH, Dr. RENATE HASCHKE, Methodologische Probleme der Psychophysiologie bei der Systemanalyse menschlicher Handlungen 1984. 26 Seiten – 11 Abb. – 8° – M 3,–

Heft 2 Prof. Dr. ALBRECHT NEUBERT, Diskurs über den Diskurs. Neue Denkanstöße in der Sprachwissenschaft oder Zur Gegenstandsbestimmung der Linguistik 1983. 16 Seiten – 8° – M 3,–

Heft 3 Prof. Dr. WERNER BAHNER, Kontinuität und Diskontinuität in der Herausbildung der romanischen Sprachwissenschaft 1983. 40 Seiten – 8° – M 4,50

Heft 4 Prof. Dr. RUDOLF RŮŽIČKA, Sprachwissenschaft und Sprachkunst. Ein Beispiel: Die Metapher 1983. 44 Seiten – 8° – M 5,–

Heft 5 Prof. Dr. JOACHIM MÜLLER, Das Alte und das Neue. Historische und poetische Realität in Theodor Fontanes Roman „Der Stechlin" 1983. 34 Seiten – 8° – M 5,–

Heft 6 Prof. Dr. KARL CZOK, Karl Lamprechts Wirken an der Universität Leipzig 1984. 30 Seiten – 1 Abbildung – 8° – M 4,–

Band 125

Heft 1 Prof. Dr. ERNST EICHLER, Reinhold Trautmann und die deutsche Slawistik. Mit einem Beitrag von Gerald Wiemerts 1984. 74 Seiten – 1 Tafel – 8° – M 8,–

Heft 2 Prof. Dr. SIEGFRIED WOLLGAST, Zur Stellung des Gelehrten in Deutschland im 17. Jahrhundert 1984. 79 Seiten – 1. Abb. – 8° – M 7,50

Heft 3 Prof. Dr. Dr. h. c. EBERHARD POPPE, Universalität der Menschenrechte – Idee und Realität 1985. 20 Seiten – 8° – M 3,–

Heft 4 Prof. Dr. RUDOLF FORBERGER, Vom künstlerisch gestalteten Hartporzellan Böttgers zum technischen Porzellan im 19. Jahrhundert 1985. 30 Seiten – 4 Tafeln – 8° – M 4,–

Heft 5 Prof. Dr. GERHARD DUDEK, Die Brüder Karamasow – Zur Struktur der Romane F. M. Dostojewskis 1985. 45 Seiten – 8° – M 4,50

Heft 6 Prof. Dr. ULRICH RICKEN, Probleme des Zeichens und der Kommunikation in der Wissenschafts- und Ideologiegeschichte der Aufklärung *(Vorliegendes Heft)*

Band 126

Heft 1 Prof. Dr. EBERHARD BRÜNING, Ernest Hemingway – Humanist und Antifaschist 1985. 35 Seiten – 8° – M 4,–

Heft 2 Prof. Dr. ERNST ULLMANN, Von der Macht der Bilder – Kunst und Reformation 1985. 25 Seiten – 16 Tafeln – 8° – M 5,–

Heft 3 Prof. Dr. ERICH DONNERT, Neue Wege im russischen Geschichtsdenken des 18. Jahrhunderts 1985. 73 Seiten – 8° – M 7,50

Einzel- oder Fortsetzungsbestellungen durch eine Buchhandlung erbeten

Sitzungsberichte bis Band 112
durch das Zentralantiquariat der Deutschen Demokratischen Republik, Leipzig,
ab Band 113 durch den Akademie-Verlag, Berlin, zum Teil noch lieferbar

AKADEMIE-VERLAG

DDR - 1086 Berlin, Leipziger Straße 3–4

Bei Fragen zur Produktsicherheit wenden Sie sich bitte an:
If you have any questions regarding product safety,
please contact:

Walter de Gruyter GmbH
Genthiner Straße 13
10785 Berlin
productsafety@degruyterbrill.com